가장 친절한

메타버스와
블록체인의
미래

가장 친절한
메타버스와 블록체인의 미래

1판 1쇄 발행 2024년 4월 20일

지은이 ㅣ 원호섭, 최근도
펴낸곳 ㅣ 도서출판 나무야
펴낸이 ㅣ 송주호
편집디자인 ㅣ 이음
종이 ㅣ 신승지류유통(주)
인쇄 제본 ㅣ 상지사 P&B
등록 ㅣ 제307-2012-29호(2012년 3월 21일)
주소 ㅣ (03424) 서울시 은평구 서오릉로 27길 3, 4층
전화 ㅣ 02-2038-0021
팩스 ㅣ 02-6969-5425
전자우편 ㅣ namuyaa_sjh@naver.com

ISBN 979-11-88717-32-3   43500

가장 친절한
메타버스와
블록체인의
미래

✳ 원호섭·최근도 지음

메타버스와 블록체인은
세상을 어떻게 바꿀까?

Namuyaa Publisher

머리말

메타버스와 블록체인은
세상을 어떻게 바꿀까?

1969년 10월 29일 밤 10시 30분.

550km 떨어진 미국 UCLA(캘리포니아대학교 로스앤젤레스 캠퍼스)와 미국 스탠포드 리서치 인스티튜트(SRI) 사이에 긴장감이 돌았습니다. 레오나르드 클라인록 UCLA 교수와 대학원생이던 찰리 클라인은 컴퓨터를 이용해 SRI로 메시지 전송 준비를 마쳤습니다. 보낼 글자는 '로긴(LOGIN)', 다섯 글자였습니다. 첫 글자 'L'을 보낸 뒤 클라인은 SRI에서 대기 중이던 빌 듀발 연구원에게 전화를 걸었습니다. "L 받았어요?", "네 받았습니다." 두 번째 글자 'O'도 전송됐습니다. 하지만 세 번째 글자 'G'를 전송하는 순간 과부하가 걸리면서 컴퓨터가 다운되고 말았습니다. 완벽하지는 않았지만 어쨌든 실험은 성공이었습니다. 세계 최초의 인터넷, '알파넷'이 연결되던 순간입니다.

인터넷이 없는 세상, 이제는 상상할 수 없습니다. 스마트폰도 사용할 수 없고 온라인 게임도 할 수 없습니다. 온라인 계좌로 돈을 주고받을 수도 없으며 유튜브와 카카오톡은 먹통이 될 것입니다. 지금 우리가 너무도 당연시하는 모든 일을 할 수 없게 됩니다.

알파벳 세 글자를 보내고 서버가 다운되는 일이 발생하던 50년 전, 인터넷이 우리 삶을 이렇게 바꿔놓을 것이라고 내다본 사람은 없었습니다. 기술이 조금씩 발전하고 보편화되던 1990년대에 들어서면서 미래를 생각하는 사람들이 하나둘 생겨났습니다. 이들은 1994년에 아마존을, 1998년에 구글을 만들었습니다. 한국에서는 1995년에 다음, 1999년에 네이버를 만들었습니다. 인터넷을 기반으로 이 기업들은 인류의 삶을 송두리째 바꿔놓았습니다.

세상의 변화가 너무도 빠릅니다. 불확실한 시대라고도 합니다. 5년 뒤, 10년 뒤의 세상이 어떻게 바뀔지는 용하다는 무당도 예측할 수 없습니다. 이럴 때 필요한 것은, 미래를 바꿀 기술에 대한 이해가 아닐까 생각합니다. 이 글을 쓰고 있는 제가 최소한 중고등학생 시절에 인터넷이 무엇인지 알았더라면, 스마트폰이 무엇인지 알았더라면, 기자가 아니라 유니콘 스타트업의 최고경영자(CEO)에 오를 수 있지 않았을까요. 물론 낮은 확률이겠지만요.

'이런 기술이 뜰 걸 진즉에 알았더라면'이라고 푸념하는 사람이 적지 않습니다. 특히 '4차 산업혁명'이라는 이름 아래 기술 발전 속도가 엄청나게 빨라진 지금은 더더욱 그렇습니다. 2007년 애플이 아이폰을 처음 선보였을 때, 스마트폰 생태계가 지금처럼 확대될 것이라고 예측한 사람은 극소수에 불과했습니다. 한국에서는 2010년 아이폰 4가 들어오고 나서야 스마트폰을 기반으로 사회가 변하기 시작했습니다. 사람들은 더 이상 돈을 주고 신문을 사서 읽지 않습니다. 쿠팡, 배달의 민족 등이 나타나면서 '딜리버리' 문화가 순식간에 바뀌었습니다. MP3를 만들던 기업은 사라져갔고 디지털카메라를 만들던 기업들도 업종을 바꾸고 있습니다. 노키아를 비롯해 LG전자는 스마트폰 시장에서 살아남지 못하고 결국 사업을 접었습니다.

이 책을 쓰게 된 동기는 여기서 출발합니다. 중·고등학생 시절, 우리에게는 인터넷이 무엇인지 그리고 스마트폰이 무엇인지 친절하게 설명하는 책을 찾기 힘들었습니다. 미래의 신기술을 설명하는 책은 많은데 대부분 어렵거나 지루했습니다. 청소년들의 시선에서, 교과서에 등장하는 언어로 이야기해주는 책이 고팠습니다. 그래서 이공계 출신 기자들이 의기투합했습니다.

이른바 '디지털 퍼스트'의 시대, 세상을 바꿀 미래 기술로는 메타버스와 블록체인을 꼽았습니다. 코로나19를 거치며 우리 사회에 가장 큰 영향을 미친 기술을 꼽으라면 메타버스와 블록체인이 빠질 수 없고, 이미 우리 삶 곳곳에 너무나도 깊숙하게 스며들었기 때문입니다. 기술 발전의 초기 단계임에도 불구하고 우리 삶에 미친 영향이 그야말로 막강합니다. 5년, 10년 뒤 이 기술이 우리 삶을 어떻게 바꿀지 상상하기조차 힘듭니다.

두 기술의 역사와 현재, 미래에 대해 기자 생활을 하며 배웠던 '쉬운 용어'로 풀어봤습니다. 부족한 점이 있겠지만 시중에 있는 다른 책과 비교했을 때 교과서와 같은 언어와 예시로 독자들의 이해를 높이기 위해 노력했습니다. 목표는 단 하나입니다. 이 책을 볼 학생들이 메타버스와 블록체인에 대한 이해를 바탕삼아 짧은 상상으로라도 미래를 설계해 보는 것입니다. '메타버스로는 이것도 가능할 텐데.', '블록체인을 이용하면 앞으로 이런 미래가 그려질 거야.'라는 상상을 한 번이라도 하게 된다면 기쁠 것 같습니다. ㅡ원호섭, 최근도

C O N T E N T

PART 1

메타버스

| M E T A V E R S E |

chapter.1
우리는 메타버스로 간다

2045년의 미래. 식량 파동과 함께 경제 기반이 무너지면서 지구는 황폐해졌습니다. 현실은 비루하고 미래는 어둡습니다. 자신들을 'MZ'가 아닌 '사라진 세대'라 부르는 젊은이들은 매일 밤 무너질 듯 허름한 집에서 어딘가로 떠납니다. 그들이 찾은 곳은 '오아시스'. 검은색 안경과 헤드셋을 착용한 그들은 현실이 아닌 가상공간 속에서 현실과는 전혀 다른 삶을 시작합니다. '접속하는 순간 모든 것은 현실이 된다'라는 강렬한 문구로 인기를 끌었던 영화 〈레디 플레이어 원〉의 내용입니다.

영화 속에서 오아시스를 만든 개발자 할리데이는 가상현실 속에서 세 가지 미션을 수행한 사람에게 오아시스의 운영권과 5000억 달러에 달하는 회사 지분을 주겠다고 유언합니다. 비참한 현실 속에서 사람들은 꿈을 찾기 위해 오아시스로 향했습니다. 이렇게 되면 과연 어디를 현실로 봐야 할까요. 황폐해진 지구가 현실일까요, 아니면 사람들이 몰려간 가상공간이 현실일까요.

〈레디 플레이어 원〉이 관객들의 인기를 끌었던 이유는 여러 가지가 있을 것입니다. 화려한 액션과 진짜 같은 특수효과도 영향을 미쳤습니다. '친숙함'도 꼽을 수 있습니다. 영화가 개봉한 2018년, 영화 속 내용처럼 현실과 가상공간을 자유롭게 오가는 기술은 개발되지 않았습니다. 하지만 2016년 우리는 전 세계적으로 유행한 게임 '포켓몬고'를 통해서 증강현실(VR)을 체험했습니다. 어느 순간 가상현실, 증강현실, 혼합현실과 같은 단어가 유행처럼 떠돌기 시작하더니 〈레디 플레이어 원〉의 오아시스에 접속하는 것과 비슷한 VR 헤드셋도 시중에 판매되기 시작했습니다. 증강현실 게임이 유행한 것은 말할 것도 없고요. 예전에 PC 게임방이 그랬듯이 국내에 VR 체험방이 유행하던 때가 2017년입니다.

〈레디 플레이어 원〉의 영화 속 장면처럼 우리는 이미 헤드셋을 착용하고 가상현실로 들어가 게임을 해 본 경험이 있습니다. 영화 속 이야기가 허무맹랑하게 느껴지지 않았던 이유입니다. 우리에게도 곧 이런 날이 올 거라는 생각에 영화에 더 몰입하게 됩니다. 로켓을 타고 화성을 여행하면서 어디 살고 있을지 모를 외계인을 만나는 일보다 〈레디 플레이어 원〉의 오아시스라는 공간은 분명 더 가까이 있는 것이 확실하니까요.

서두가 길었습니다. 오아시스는 바로 지금부터 이야기하려는 '메타버스'를 가장 쉽게, 아주 잘 설명한 공간입니다. 지구라는 현실에서 살다가 우리는 메타버스로 들어가 머무릅니다. 그리고 휴가든 업무든 메타버스에서 해야 할 일을 마치면 다시 현실로 돌아옵니다.

코로나19 바이러스가 퍼지던 때 우리는 가상공간에서 만나 수업을 했습니다. 직장인들은 줌에서 만나 회의를 했습니다. 메타버스는 영화가 아닌 현실이 되었습니다. 그리고 지금 이 시간에도 빠르게 발전하고 있습니다. 〈레디 플레이어 원〉에서는 2045년에 우리가 오아시스에 간다고 이야기합니다. 지금 속도라면, 글쎄요, 10년만 기다리면 가능하지 않을까요.

메타버스 플랫폼, 제페토

최근 몇 년간 우리 사회를 떠들썩하게 한 미래 화두들 꼽으라면 메타버스도 그 가운데 하나일 것입니다. 언젠가부터 메타버스라는 용어가 주변에서 들려오기 시작하더니 이제는 다양한 메타버스 공간이 생겼습니다. 우리는 실제로 하루에도 몇 번씩 메타버스를 드나들곤 합니다. 인생이 두 개로 나뉜 겁니다. 하나는 학교에 가고 숙제를 해야만 하는 현실, 그리고 멋진 아바타가 나를 대신하는 메타버스 세상.

메타버스의 인기는 단순히 노는 공간 그 이상입니다. 제페토를 예로 들어 보겠습니다.

메타버스 플랫폼 제페토. 이젠 모르는 사람이 없을 거라 생각합니다. 특히 이 글을 주로 읽을 학생들에게 제페토의 인기는 상당하다고 들었습니다. 피노키오를 만든 할아버지의 이름을 딴 제페토는 2018년 8월 네이버의 자회사인 '스노우'에서 출시한 메타버스 플랫폼입니다.

처음에 제페토는 단순히 나와 닮은 아바타를 만드는 어플리케이션이었습니다. 당시만 해도 큰 인기는 없었다고 합니다. 이후 아바타들이 함께할 수 있는 공간인 '월드'가 만들어지면서 많은 사람들의 관심을 받게 됩니다. 말 그대로 메타버스가 생긴 것입니다. 현재 제페토에 가입한 사람은 3억 명 이상이라고 합니다. 지구의 인구가 약 70억 명이니 전체 인구의 약 5% 정도가 가입했다고 볼 수 있겠네요. 감이 잘 안 온다고요? 영화와 드라마를 볼 수 있는 플랫폼 '넷플릭스' 가입자보다 많은 숫자입니다. 월간 접속자 수는 2000만 명이 넘는다고 하지요.

'아재'인 저도 제페토가 왜 인기인지 궁금해서 가입을 해 봤습니다. 저와 닮았다는 생각이 드는 아바타를 만들고, 월드라고 쓰여있는 여러 공간 중 하나를 골라 들어가 봤습니다. 메타버스 속에서 저는 멋있게 생긴 아바타를 앞세워 돌아다녔습니다. 기본적으로 제공

원씨아저씨

제페토에 입점한 현대자동차 부스

되는 인사말인 '하이', '안녕'을 남발하며 다른 아바타와 인사도 해 봤습니다. 제 말과 행동에서 '아재의 향'을 느꼈는지 답을 해 주는 아바타는 거의 없었지만요. 시간 가는 줄 모르고 가상공간 이곳저곳을 돌아다녔습니다.

맨 처음 들어간 곳은 결혼식 파티가 열리고 있는 장소였습니다. 그곳에서 피아노를 치고 밥을 먹었습니다. 운세를 봐 준다는, 곰처럼 생긴 동물이 있어서 말을 걸어보기도 했습니다.

다음 공간은 캠핑을 즐길 수 있는 곳이었습니다. 모닥불 앞에 앉으니 옆에 앉아있던 또 다른 아바타가 갑자기 기타를 치며 노래를 부르기 시작했습니다. 딱히 한 일은 없었습니다. 몇 마디 이야기를 나눴고

음악을 들었습니다. 노래를 부를 수 있는 장소도 찾았는데 용기가 없었습니다. 다른 아바타들의 노랫소리를 듣기만 했습니다. 사람의 육성이 들려서 깜짝 놀랐습니다. 정말, 누군가가 거기서 노래를 부르고 있었습니다. 정신 차려 보니 한 시간이 훌쩍 지나 있었습니다. 고개를 들고 내 모습을 확인하듯이 보고 나서야 현실로 돌아왔습니다. 짧게나마 메타버스의 매력을 느낄 수 있었던 시간이었습니다.

요즘 제페토에서는 못하는 걸 찾는 게 오히려 빠르다고 합니다. 앞서 이야기한 노래방 기능은 이미 2년 전부터 있었다고 합니다. 게임도 할 수 있고 춤을 추거나 사진을 찍을 수도 있습니다. 한강공원도 있습니다. 현실의 공간이 제페토 안에 그대로 옮겨져 있는 것입니다.

그뿐만이 아닙니다. 구찌, 랄프로렌 같은 명품 브랜드를 비롯해 나이키, 아디다스가 제페토에 입점해 있습니다. 이곳을 방문하면 해당 브랜드가 만든 제품을 살 수 있습니다. 물론 메타버스에 있는 아바타들을 위한 제품이지만요. 삼성전자, 현대자동차, SK그룹 같은 국내 대기업들도 제페토 안에서 부스를 만들어 홍보하고 있습니다. 사람들이 많이 몰리는 곳이니 자연스러운 현상입니다.

아이돌 스타들이 제페토에서 팬 사인회를 하거나 콘서트를 여는 것도 이제는 어색하지 않은 일이 됐습니다. 처음 이런 얘기를 들었을 때는 솔직히 믿기 힘들었습니다. 메타버스 안에서 과연 이런 일들이 가능할지 의구심이 들었거든요. 물론 제페토를 며칠간 둘러보고 난 뒤에는 이처럼 부정적인, 아재 같은 생각은 싹 사라졌습니다.

메타버스로 진화한 포트나이트

혹시 '포트나이트'라는 게임을 아시나요. 배틀 그라운드와 비슷한데, 미국을 비롯한 전 세계의 가입자 수가 제페토와 비슷한 3억 명 이상 이라고 합니다. 넷플릭스가 자신들의 경쟁사로 포트나이트를 꼽았을 정도입니다. 특히 미국에서 인기가 어마어마합니다. 미국의 10~17세 청소년의 약 40%는 매주 포트나이트에 접속한다는 통계가 있을 정도니까요.

접속자가 늘어나면서 포트나이트는 단순히 게임을 하는 공간을 넘어 10대들의 SNS로 진화했습니다. 10대들은 포트나이트에서 만나 게임을 하는 것이 아니라 서로의 안부를 묻고 자신의 아바타를 예쁘고 멋있게 꾸밉니다. 메타버스 공간으로 진화한 셈입니다.

사람들이 몰리자 기업들이 관심을 갖고 포트나이트로 몰려갑니다. 2020년 미국의 유명 힙합 가수인 트래비스 스콧은 포트나이트에서 45분짜리 라이브 공연을 개최했다고 합니다. 이를 실시간으로 지켜본 사람이 2770만 명에 달했다고 해요. 이렇게 해서 얻은 수익이 262억 원이라니 정말 엄청납니다. 그때 K팝을 이끌고 있던 방탄소년

단(BTS)도 포트나이트에서 신곡 '다이너마이트'의 안무가 담긴 뮤직비디오를 공개하는 콘서트를 열었습니다. 동시 접속자 수가 270만 명에 달했습니다.

저는 고등학생이던 1999년 김동률이라는 가수의 콘서트에 간 적이 있었습니다. 서울 세종문화회관에서 열렸는데, 집이 경기도여서 지하철과 버스를 갈아타고 갔습니다. 아, 그 전에 표를 산 이야기부터 해야겠네요. 그때만 해도 인터넷으로 티켓을 살 수 없었습니다. 은행 문이 열리는 9시 30분, 은행 앞에서 기다렸다가 구매했습니다. 물론 저는 학교에 가야 했기에 부모님께 부탁을 드렸던 기억이 납니다. 티켓이 모두 팔려서 세종문화회관에는 관객이 가득했습니다.

방탄소년단 포트나이트 공연

2000년대에 들어서도 가수들은 콘서트를 장충체육관이나 올림픽체조경기장, 아니면 잠실종합운동장에서 하는 경우가 많았습니다. 관객이 가득 차면 한 3~4만 명쯤 앉을 수 있었을까요. 그런데 메타버스에서 콘서트를 하니 몇백만 명, 몇천만 명이 공연을 즐길 수 있게 된 것입니다. 스케일이 아예 다른 겁니다. 당연히 가수나 엔터테인먼트 기업들이 메타버스로 갈 수밖에 없지 않을까요.

세컨드 라이프, 두 번째 삶

메타버스란 무엇이며 어떻게 생겨났는지, 지금부터는 메타버스와 메타버스의 미래에 대해 알아보겠습니다. 먼저 용어부터 볼게요.

메타버스는 '초월'이란 의미의 '메타(meta)'와 현실 세계를 뜻하는 '유니버스(universe)'를 더한 용어입니다. 이제는 모르는 사람이 거의 없습니다. 그런데 〈레디 플레이어 원〉이 개봉한 2018년에는 메타버스라는 단어를 쓰는 사람이 거의 없었습니다. 영화는 메타버스로 바뀔 미래상을 그대로 보여주고 있는데, 영화와 메타버스를 연결한 기사와 보고서는 찾을 수가 없습니다. 당시에도 가상현실을 메타버스라고 표현하기도 했지만, 지금처럼 대중화된 용어는 아니었습니다. 그러던 것이 2020년에 들어서면서 사용 빈도가 폭발적으로 늘기 시작했습니다. 코로나19로 인해 메타버스에 대한 관심이 폭증했기 때문입니다.

그렇다면 메타버스라는 용어를 가장 먼저 사용한 시기는 언제일까요. 미미하지만 우리나라도 관련이 있습니다.

1992년, 그러니까 지금으로부터 30여 년 전 미국의 공상과학 작가 '닐 스티븐슨'이 《스노우 크래쉬(Snow Crash)》라는 소설을 발표합니다. 소설 속 배경은 〈레디 플레이어 원〉과 비슷합니다. 세계 경제가 붕괴된 21세기의 어느 날을 살고 있는 주인공 '히로'가 등장합니다. 그의 직업은 피자 배달부. 하지만 그는 밤이 되면 헤드셋을 착용하고 가상현실 속으로 들어가 유능한 해커로 활동합니다. 소설 속의 글을 그대로 옮겨보겠습니다.

"……그는 고글과 이어폰을 통해 컴퓨터가 만들어 낸 전혀 다른 세계에 있다. 이런 가상의 장소를 전문 용어로 '메타버스'라 부른다. 히로는 메타버스에서 많은 시간을 보낸다. 임대 창고에 사는 괴로움을 잊게 해 주기 때문이다."

메타버스라는 용어가 처음으로 등장하는 순간입니다. 한국은 어디에 나오냐고요? 주인공 히로의 엄마가 일본에 사는 한국인으로 등장합니다. 세계적으로 유명한 작가가 당시 소설 속 주인공의 엄마를 왜 한국인으로 설정했는지는 아직도 미스터리입니다. 1992년, 선진국 대열에 진입하기 위해 열심이던 우리 부모님들의 모습이 인상적이어서였을까요?

하여튼 메타버스의 시작은 소설 《스노우 크래시》라는 것이 통설입니다. 물론 《스노우 크래시》가 세상에 나오기 전에도 가상공간을 모티브로 한 소설과 영화는 있었습니다. 하지만 메타버스라는 용어는 닐 스티븐슨으로부터 시작했습니다.

《스노우 크래시》 출간 이후 메타버스 개념이 곧바로 사회에 영향을 미쳤다고 보기는 어렵습니다. 1992년, 상상이 잘 안 가시죠? 당시 컴퓨터 가격은 200만 원이 넘었는데도 영화 한 편조차 저장할 수 없는 수준이었습니다. 스마트폰은 물론이고 휴대전화도 없었습니다. 지금은 박물관에서나 볼 수 있는 '삐삐'도 널리 보급되기 전이었어요. 디지털 TV도 없던 시절이었습니다. 그런 세상에서 닐 스티븐슨이 이야기한 메타버스는 지금으로 치면 화성 탐사와도 비슷한 수준의 미래 이야기였을 것입니다.

하지만 당시에도 시대를 앞선 사람들은 있었습니다. 《스노우 크래시》가 출판되고 3년 뒤인 1995년, 미국의 액티브 월드라는 회사는 《스노우 크래시》를 기반으로 '액티브 월드' 게임을 출시합니다. 정확히 말하면 인터넷을 기반으로 한 3차원의 가상공간을 만든 것입니다.

인터넷을 이용해 접속하면 이 공간 속에서 다른 나라 사람들과 만나 이야기를 나눌 수 있었습니다. 일부 공간에서 사람들은 건축물을 지을 수도 있었습니다. 모두 《스노우 크래시》에 등장하는 메타버스의 내용과 일치합니다. 그러다 액티브 월드는 차츰 사람들에게서 잊혀졌습니다. 앞서 말했듯이 당시 기술로는 메타버스에 접속하기조차 쉽지 않았습니다. 집에 컴퓨터를 갖고 있는 사람도 많지 않았거든요.

메타버스가 사람들의 관심을 다시 끌게 된 때는 2003년입니다. 《스노우 크래시》를 보고 영감을 받은 '린든랩'이라는 기업이 가상현실 시뮬레이션 플랫폼 '세컨드 라이프'를 출시합니다. 직역하면 '두 번째 삶'. 현실이 아닌 가상현실을 의미하는 멋진 제목이라는 생각이 듭니다. 세컨드 라이프 게임은 미국에서 선풍적인 인기를 끌게 됩니다. 특히 이 플랫폼에 들어오는 사람들은 '린든달러'라는 가상화폐를 사용했는데, 현실처럼 일을 해서 돈을 벌 수 있었습니다. 돈을 많이 모으면 기업을 설립할 수도 있고 땅이나 건물을 사는 것도 가능했습니다. 여윳돈이 생기면 가상현실 속에 마련된 휴양지로 여행을 떠나며 메타버스의 삶을 제대로 즐길 수 있었다고 합니다.

2003년이면 국내에서도 집에 컴퓨터 한 대씩은 보유하던 시기였습니다. 한국에서 초고속 인터넷 서비스 가입자 수가 1000만 명이 넘었던 게 2002년 말이었습니다. 1995년과 비교하면 가상현실 속의 게임을 즐길 수 있는 사람들이 더 많았던 시기입니다.

가상현실에서 번 린든달러를 실제 화폐로 바꾸는 사례도 있었다고 합니다. 독일에 거주하는 중국계 여성의 아바타로 알려진 '안시 청'은 세컨드 라이프 내에서 부동산업을 하며 상당한 돈을 벌었다고 여러 언론에 소개됐습니다.

세컨드 라이프가 큰 인기를 끌던 2000년대 중반을 조금 더 살펴볼게요. 메타버스라는 개념이 지금 못지않을 만큼 전 세계를 휘어잡던 시기였습니다. 당시 신문기사들을 살펴보면 오늘날과 크게 다르지 않아요. 물론 당시에는 메타버스라는 용어보다는 '사이버 세상'이라는 단어로 세컨드 라이프를 표현했습니다.

세컨드 라이프가 세간의 관심을 받자 기업들이 움직이기 시작합니다. 사람들이 많이 모여 있으니 기업이 진출하는 것은 당연한 수순이었습니다. IBM, GM, 도요타, 소니와 같은 글로벌 기업들이 세컨드 라이프에서 자사의 제품을 출시하고 홍보했습니다. SK텔레콤, LG CNS와 같은 국내 기업들도 기다렸다는 듯이 세컨드 라이프로 달려갔습니다. 국경이 없다 보니 더 많은 사람들에게 자사의 제품을 알릴 수 있었지요.

사람과 기업들이 몰리니 자연스럽게 정치인들도 세컨드 라이프로 향했습니다. 미국 대통령 선거에 나갔던 힐러리 클린턴 의원은 예비 경선 기간에 세컨드 라이프에 사이버 선거 캠프를 차렸습니다. 이명

세컨드 라이프에 차린 힐러리 선거 캠프

박 전 대통령도 후보 시절 '버추얼 캠프'라는 이름의 선거 사무소를 세컨드 라이프에 설치했습니다.

이 정도 얘기만으로도 세컨드 라이프의 인기가 어땠는지 잘 알 것 같지 않나요? 하지만 거품은 곧 꺼졌습니다. 2008년 기준으로 세컨드 라이프를 사용하던 전 세계 회원 수는 1300만 명이었습니다. 많아 보이긴 해도 당시 여러 기업과 연구기관의 보고서들이 세컨드 라이프를 경험하는 인류의 숫자가 1억 명은 충분히 넘을 거라고 예상한 걸 보면 한참 미치지 못한 숫자였습니다.

한계는 명확했습니다. 세컨드 라이프 화면을 인터넷에서 찾아보면 알겠지만, 화질 낮은 게임이라는 생각이 들 수밖에 없습니다. 그때는 3G 중심의 네트워크 환경이었고 그래픽 데이터를 처리하기에는 클라우드 인프라가 너무 부족했습니다. 세컨드 라이프를 만든 린든랩은 3D로 가상현실을 꾸미고 싶었다고 하지만 그때의 기술로는 그런 환경을 구현하기 어려웠습니다. 통신도 한계가 있었습니다. 세컨드 라이프 내에서 다른 사람과 이야기하기 힘들었습니다. 지구 반대편에 있는 사람을 만나긴 했는데, 말을 걸면 몇 초 뒤에나 반응이 왔습니다. 자연스러운 대화가 어려웠습니다. 아이폰이 출시되어 전 세계를 강타하던 때가 2010년 중순 이후였는데, 그 전까지 사람들은 핸드폰으로 인터넷에 접속한다는 것도 상상하기 힘들었습니다. 과거의 메타버스 플랫폼이 지속될 수 없었던 이유는 뒤에서 더 살펴보겠습니다.

메타버스는 단순히 게임 공간이나 콘서트 공간에서만 활용되는 것이 아닙니다. 메타버스라는 공간이 주목받고 여러 분야에서 다채롭게 적용되면서 새로운 가능성이 열리고 있습니다.

한국프로스포츠협회는 메타버스를 활용해 프로 스포츠를 홍보할 수 있는 가상 경기장을 제페토에 만들었습니다. 제페토에 있는 수원 KT위즈파크 가상 야구장에 들어가면 선수를 만나볼 수도 있고 응원가와 응원 동작을 배울 수도 있습니다.

군인들도 메타버스에서 훈련을 받습니다. 국내에서 전투기를 만드는 한국항공우주산업(KAI)이 있습니다. 이 기업은 고등훈련기인 T-50 시뮬레이터를 개발해 군사 훈련에 사용하고 있을 뿐 아니라 다른 나라에 수출도 하고 있습니다. T-50은 초음속으로 하늘을 날 수 있는 전투기입니다. KAI는 위성으로 촬영한 영상과 지형 데이터를 바탕으로 실제와 유사한 배경을 만들었는데, 이 배경을 앞에 두고 조종사들은 T-50을 타기 전 실제와 거의 비슷한 환경에서 훈련할 수 있습니다. 실제 비행을 모사한 곳에서 훈련을 받는 만큼 사고는 그만큼 줄 것이고 훈련 효과는 극대화할 수 있습니다. 군 당국은 2030년대 중반까지 모든 훈련 과정에 메타버스를 적용한다는 계획을 세웠습니다. 아마 이 글을 읽고 있을 청소년 중에서도 훗날 군대에 갈 학생도 있을 텐데, 그때가 되면 VR 헤드셋을 쓰고 전투기를 조종하거나 가상공간 속의 장갑차를 운전하며 적을 무찌르고 있을 가능성이 상당히 높습니다.

여러분의 주요 무대인 교육 현장에서 메타버스 활용도는 더욱 높습니다. 이미 우리는 코로나19 팬데믹이 전 세계를 휩쓸던 때 메타버스라는 공간 속에서 수업을 받았습니다. '줌'을 이용한 수업도 일종의 메타버스라고 볼 수 있습니다. 실제로 만나서 공부하지 않았지만, 디지털 공간에서 만나 함께 수업을 받았습니다.

여러분이 가게 될 대학도 변하고 있습니다. 가장 대표적으로 포스텍(포항공과대학)을 꼽을 수 있습니다. 포스텍은 국내 최초로 대학 신입생 전원에게 VR 헤드셋 같은 가상현실 기기를 제공하고 가상, 증강, 혼합현실 기술을 활용한 수업을 지금 이 시간에도 진행하고 있습니다.

탈수증상을 호소하는 45세 여성이 응급실에 실려 왔습니다. 의사와 간호사는 어떤 일을 가장 먼저 해야 할까요. 정맥주사를 놔야 하는데, 어디에다 어떻게 놓으면 될까요. 메타버스는 이 같은 의료 분야에서도 활용 가능합니다. 한국의 '뉴베이스'라는 기업은 다양한 의료현장을 메타버스에 만들어 놓고 보건의료 분야에 진출한 학생들이 활용할 수 있는 플랫폼을 개발했습니다. 수많은 사례를 상정해 두고 학생들이 메타버스에서 다양하게 훈련함으로써 치료 과정의 효율을 극대화할 수 있을 것입니다.

메타버스 혁명

나이 40줄에 들어선 제게 메타버스 하면 무엇이 가장 먼저 떠오르는지 묻는다면 '게임'을 말하고 싶습니다. 2017년 VR 체험방에서 했던 좀비 게임이 아직도 눈에 선합니다. 오른쪽 헤드셋에서 이상한 소리가 들리는가 싶더니 눈앞에 기괴하게 생긴 좀비가 갑자기 나타나 소리를 지르며 뒤로 넘어졌던 기억이 생생합니다.

이 글을 읽고 있을 청소년을 비롯해 젊은 세대를 통칭하는 MZ 세대에게 메타버스는 게임 이상의 공간일 것입니다. 게임뿐 아니라 학교와 학원 수업은 물론이고 친구들과 제페토에서도 만나고 있으니까요. 제가 보기에 메타버스의 미래는 무궁무진합니다. 젊은 세대의 관심이 큰 만큼 앞으로 여러분의 말랑말랑한 뇌에서 예상치 못한 '혁신'이 튀어나와 메타버스를 성장시킬 것입니다.

제페토를 직접 경험해 보니 그저 신기할 뿐 메타버스 생활에서 불편함이 느껴지진 않았습니다. 코로나19로 하게 된 줌 회의는 오히려 불필요한 시간을 줄일 수 있었습니다. 회사에 나갈 준비를 하는 시간, 버스 정류장이나 지하철역까지 가는 시간, 이동하는 시간은 물론이고 신발을 닦을 시간조차도요. 고백하자면 가끔 온라인 회의를 할 때는 잠옷 바지를 입고 참석한 적도 있습니다. 옷 챙겨 입을 시간에 차라리 회의 내용을 한 줄이라도 더 읽는 게 도움이지 않을까 생각하면서요.

어찌 됐든 메타버스의 확산은 사회적으로 큰 파급효과를 불러일으킬 것이 분명합니다. KTX가 생기면서 전국이 일일생활권이 됐다고 열광했고, 비행기가 세계 곳곳을 날아다니면서 지구가 하나의 마을이라는 '지구촌'이 유행했습니다. 메타버스 입장에서 KTX 개통과 지구촌 정도는 코웃음 칠 일입니다. 인터넷에 접속만 하면 전 세계 사람들을 만날 수 있으니까요. 우리에게 익숙한 기존 시공간에 대한 물리적 한계가 사라지고 있는 것입니다.

이 때문에 사람들이 메타버스로 향하고, 그래서 사람들이 몰리는 곳에는 자연스럽게 '돈'이 따라옵니다. 앞에서 언급했던 것처럼 의류 브랜드가 메타버스에서 상품을 팔고, 기업들이 앞다퉈 홍보관을 만들어 기업 알리기에 나서고 있는 것도 그 때문입니다. 앞으로 이 같은 사례는 지금과는 비교할 수 없을 만큼 다채로워질 것입니다. 그걸 잘 알기 때문에 많은 기업이 메타버스에 투자하고 있고, 코로나19를 겪으며 메타버스에서 뭔가를 해도 충분히 가능함을 깨달았기에 투자는 더욱 가속화될 것입니다. 글로벌 기업들이 앞다퉈 메타버스로 뛰어들고 있는 이유입니다. 이번 챕터에서는 메타버스로 향하는 기업들의 행보를 살펴보겠습니다. 대표적인 사례로 페이스북의 '오큘러스' 인수를 꼽을 수 있습니다.

2014년 3월이었습니다. 페이스북이 증강현실(VR)기기 업체인 오큘러스를 23억 달러, 우리 돈 3조 원에 인수한다는 기사가 쏟아졌습니다. 오큘러스는 2012년에 만들어진 스타트업이었습니다. 오큘러스는 머리에 쓰는 디스플레이, 일명 '헤드 마운티드 디스플레이'를 개발하던 기업이었습니다. 〈레디 플레이어 원〉도 개봉 전이었고, 메타버스라는 용어가 지금처럼 많이 쓰이던 때도 아니었습니다. 역시 앞서가는 사람들은 보통사람과는 다른가 봐요. 페이스북 창업자인 마크 주커버그는 당시 오큘러스 인수를 발표하면서 "게임뿐 아니라 다양한 경험을 위한 플랫폼으로 키우겠습니다. 예를 들어 스포츠 중계, 원격 학습, 원격 대면 진료 등이 가능할 것입니다."라고 말했습니다. 메타버스의 미래를 정확히 꿰뚫고 있었던 것입니다. 주커버그는 이런 말도 했습니다. "오큘러스는 멀리 떨어진 곳을 현실에서 체험할 수 있는 믿기 어려운 기술을 갖고 있다."고 말입니다.

주커버그가 그린 미래는 온라인 플랫폼의 한계를 해결하려는 것이었습니다. 오늘날 사람들은 많은 제품을 온라인으로 삽니다. 그런데 실제로 볼 수 없다는 점은 여전히 한계로 꼽힙니다. 옷을 입어볼 수 없으니, 온라인으로 구매해 입어보고 마음에 들지 않으면 반품을 합니다. 제가 실제로 겪은 일인데, 해외 출장이 있어서 특수 의료용 마스크를 구입한 적이 있습니다. 그런데 생각보다 작았습니다. 온라인 페이지에서 사이즈를 확인하고 구매했는데도, 실제 받아서 써 보니 너무 작아서 사용하기 힘들었습니다. 물론 제 얼굴이 큰 것이 가장 문제겠지만요.

어쨌든 이런 온라인 판매의 한계를 해결할 수 있는 것이 바로 오큘러스가 구현해 내고 싶은 가상현실이라는 것을 주커버그는 파악했던 것입니다. 그래서 누구보다 빠르게 메타버스 투자를 시작했습니다. 심지어 2021년에는 회사 이름을 페이스북에서 '메타버스'의 '메타'로 바꾸기도 했습니다. 이제는 페이스북이 아니라 메타라고 불러야 합니다.

메타가 판매한 VR 기기 '오큘러스 퀘스트2'의 판매량은 2022년 8월경 1000만대를 돌파했습니다. 오큘러스 퀘스트를 쓰고 게임을 하면 VR 체험방에 갈 필요가 없습니다. 가격대가 60만 원 이상으로 비싼데도 불구하고 한국은 오큘러스 퀘스트가 가장 많이 팔린 국가 중 하나라고 합니다. 메타는 지금보다 더 나은 오큘러스 퀘스트 신제품을 잇달아 출시한다는 계획입니다.

스마트폰을 세상에 알린 애플도 메타버스에 진심입니다. 코로나바이러스가 전 세계로 확산되기 시작한 2020년 5월, 애플은 가상현실, 증강현실 스타트업이던 '넥스트VR'을 인수합니다. 당시 애플은 인수 금액을 밝히지 않았는데 업계는 대략 1300억 원가량으로 추산하고 있습니다. 넥스트VR은 스포츠나 공연 같은 행사 영상을 VR과 AR로 제작하던 기업이었습니다.

애플은 2024년 소비자용 증강현실 헤드셋 출시를 준비하고 있습니다. 팀 쿡 애플 CEO는 "AR 기술과 관련해서는 우리가 확인한 기회 때문에 상당히 흥분된다."며 "기다려 달라. 우리가 제공하는 제품을 곧 보게 될 것이다."라고 애플다운 말을 남겼습니다.

빌 게이츠는 2022년 1월 "마이크로소프트가 스타크래프트, 디아블로, 오버와치 등을 개발한 게임 기업 '블리자드'를 인수한다."고 발표했습니다. 인수 금액이 무려 687억 달러, 우리 돈으로 89조 원에 달합니다. 2021년 한국에서 제일 큰 기업인 삼성전자의 1년 영업이익이 51조 원이었는데, 그보다 많은 돈을 들여 블리자드를 인수한 것입니다. IT업계 사상 가장 큰 규모의 인수로 전 세계적으로 화제가 됐습니다.

마이크로소프트가 이처럼 큰돈을 들여 블리자드를 인수한 이유가 무엇이었을까요. 맞습니다, 메타버스 때문이었습니다. 마이크로소프트는 블리자드를 인수하며 이렇게 발표했습니다. "게임은 모든 플랫폼에서 가장 역동적이고 흥미로운 엔터테인먼트 분야입니다. 그리고 메타버스 플랫폼 개발에 핵심적인 역할을 하게 될 것입니다."

마이크로소프트는 블리자드가 이미 갖고 있는 3차원 게임 공간을 메타버스 공간으로 전환해 나가겠다는 계획을 세워두고 있었던 것입니다. 스마트폰이 일상화되면서 이제 온라인 게임은 언제 어디서든 즐길 수 있게 됐습니다. 이 말은 온라인 게임 공간을 언제 어디서나 접속할 수 있는 시대가 됐다는 것과 같습니다. 이 온라인 공간이 바로 메타버스입니다.

마이크로소프트는 블리자드를 인수하기 전부터 메타버스에 대한 투자를 아끼지 않았습니다. '홀로렌즈'라 불리는 가상현실 헤드셋을 개발해 출시한 바 있는데, 블리자드의 인기 있는 게임을 홀로렌즈 안으로 이동시키면 어떻게 될까요. 스타크래프트를 PC가 아닌 가상현실 속에서 즐길 수 있게 되는 것입니다. 사람들을 메타버스 공간으로 부르려면 그럴 만한 꺼리, 즉 콘텐츠가 있어야 합니다. 블리자드는 사람들을 모을 수 있는 콘텐츠를 많이 갖고 있습니다. 마이크로소프트가 큰돈을 주고 블리자드를 인수한 이유입니다. 마이크로소프트는 데스크톱 PC와 스마트폰, 가상현실 헤드셋 같은 장치에 구애받지 않고 현실 세계와 디지털 세계의 연결을 극대화하는 플랫폼 '메시포팀즈'를 제공하겠다는 계획도 추진하고 있습니다.

이렇게 글로벌 기업들이 메타버스에 대한 투자를 아끼지 않으면서 시장 규모는 점점 커지고 있습니다. 여러 기업과 컨설팅 기관이 예상한 메타버스의 시장 규모를 볼게요. 글로벌 컨설팅기업 프라이스워터하우스쿠퍼스(PwC)는 지난 2019년 455억 달러(약 59조 원) 규모의 메타버스 관련 시장이 2030년에는 1조5429억 달러(약 2011조 원) 규모로 성장할 것으로 예측했습니다. 글로벌 데이터 플랫폼 스태티스타에 따르면 2024년 메타버스 시장 규모는 2969억 달러(387조 원)로 예상했고 시장 조사 업체 이머전리서치 역시 2028년 8289억 달러(1080조 원)를 넘어설 것으로 내다보고 있습니다. 글로벌 컨설팅 기업 맥킨지는 메타버스 시장이 2030년 최대 5조 달러(약 6400조 원)까지 성장할 수 있다고 했습니다.

한국에서 가장 큰 기업인 삼성전자의 1년 매출이 2021년 기준 280조 원입니다. 앞으로 8년 뒤 2000조 원의 시장이 열린다는 얘기는, 간단한 계산으로 삼성전자와 같은 기업이 8~9개 더 탄생한다는 얘기와 같습니다. 시장 규모가 최대 6400조 원이라 가정하면 22개나 생길 수 있습니다. 엄청난 변화입니다. 삼성전자가 전 세계에서 고용하고 있는 직원 수가 26만 명에 달합니다. 한국에서만 11만 명입니다. 이 같은 기업이 몇 개 더 생긴다는 것은 산업 지형 자체가 흔들린다는 얘기나 마찬가지입니다.

그래서 사람들은 2000년대 초반 인터넷이 보급되면서 발생한 인터넷 혁명, 2008년 스마트폰의 보급으로 시작된 스마트폰 혁명에 이어 향후 10년 사이 메타버스 혁명이 나타날 것이라고 전망하고 있습니다. 말 그대로 시장이 폭발한다는 얘기입니다. 그만큼 기회는 많아질 것이고 사람과 돈이 몰릴 것입니다. 메타버스 시장을 젊은 세대들이 눈여겨봐야 하는 이유이기도 합니다.

애플과 메타, 마이크로소프트뿐만이 아닙니다. 삼성전자도 메타버스 경쟁에 뛰어들었습니다. 한종희 삼성전자 부회장은 2021년 2월 스페인에서 열린 세계 최대 이동통신 전시회 '모바일월드콩그레스(MWC) 2022' 전시장에서 "메타버스 기기를 준비하고 있습니다. 요즘 메타버스 플랫폼 디바이스가 화두인데, 잘 준비하고 있으니 기대해 주세요."라는 말을 남겼습니다. 삼성전자는 과연 메타버스에 어떤 제품을 내놓게 될까요.

chapter.2

메타버스는
어떤 공간일까?

메타버스의 역사와 정의에 대해 이만큼 알고 나면 머릿속에서 떠오르는 질문이 하나 있을 것입니다. 과연 어디까지를 메타버스라고 부를 수 있을까 하는 것입니다.

제페토나 포트나이트 같은 플랫폼을 메타버스라고 부르는 데는 아무 이의가 없습니다. 누구나 그 공간을 메타버스라고 생각합니다. 그렇다면 온라인 공간에서 모르는 사람과 게임을 하는 피파온라인도 메타버스라고 할 수 있을까요? 가상의 공간에서 다양한 사람들과 이야기를 나눌 수 있는 트위터도 메타버스라고 이야기할 수 있을까요?

메타버스 분류법

메타버스를 설명할 때 가장 많이 인용되는 분류법을 소개해 보겠습니다. 미국의 비영리 기술예측 연구단체인 'ASF(Acceleration Studies Foundation)'의 분류입니다.

ASF는 메타버스를 크게 두 가지 축으로 나눕니다. 하나는 증강과 시뮬레이션으로 구분되는 '기술', 그리고 메타버스에서 하는 행위가 개인적인지 아니면 외적인 것인지를 나누는 '지향 범위'에 따른 구분입니다. 세로축을 기술로, 가로축을 지향 범위로 나누면 수학 교과서

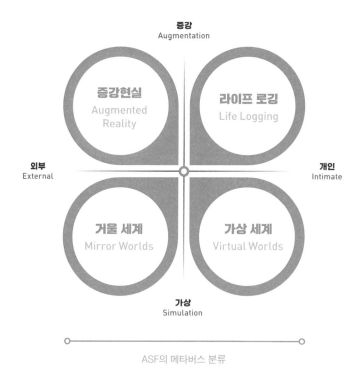

ASF의 메타버스 분류

에서 볼 수 있는 XY평면이 만들어집니다. XY평면에 총 4개의 공간이 만들어지죠? ASF는 메타버스를 이렇게 네 공간에 따라 4가지로 분류하고 있습니다.

먼저 2사분면부터 볼게요. 기술적으로는 증강현실이 적용되고 지향 범위는 외적인 부분입니다. 이를 '증강현실(AR)'이라고 부릅니다. 현실 공간 속에 가상현실의 무언가가 겹쳐지는 공간이라 볼 수 있습니다. 대표적으로 포켓몬 고를 꼽을 수 있습니다. 포켓몬 고 게임을 실행하면 우리가 활동하는 바로 그 공간 속에 귀여운 포켓몬들이 나타납니다. 현실에서 우리가 스마트폰을 조작하면 가상공간 속의 포켓몬 고를 잡을 수 있습니다. SK텔레콤의 어플리케이션 '점프AR'도 증강현실과 같은 메타버스라고 볼 수 있습니다. 현실 공간에서 만날 수 없는 스타들과 실제로 만난 것처럼 사진을 찍을 수 있고 '자이언트 고양이'와 같은 디지털 동물을 소환해 재미있는 연출 사진을 만들 수도 있습니다.

1사분면으로 가 보겠습니다. 증강현실을 사용하지만 내적인 지향, 즉 개인을 위한 공간이라고 볼 수 있습니다. 이 부분을 '라이프 로깅'이라 부릅니다. 디지털 기술을 그대로 이용하지만 자신의 삶과 경험을 기록하는 공간을 의미합니다. 대표적으로 인스타그램, 트위터, 페이스북(메타), 카카오스토리와 같은 소셜네트워크(SNS)를 꼽을 수 있을 것 같습니다. 현실의 나에 대해 기록하지만 SNS 속 나는 현실과는 조금 다릅니다. 많은 사람들이 SNS를 하면서 "이게 나야."라고 할 수 있지만 정말 그럴까요. 마치 나를 예쁘게 포장한 '아바타'처럼 예쁜 것은 더 예쁘게 꾸미고, 멋있는 것은 더 멋있게 꾸밉니다. 재미있는 일은 더 재미있게 각색하죠. 일명 'MSG'를 첨가한다고 해야 할까요. 라이프 로깅에는 '런 키퍼(Run Keeper)'나 삼성 갤럭시폰에서 제공하는 '헬스' 어플리케이션도 포함됩니다. 달리기 버튼을 누르고 뛰기 시작하면 GPS가 내가 뛰는 공간을 쫓으며 얼마나 뛰었는지를 알려줍니다. 디지털 공간 속에 나의 일상을 남기는 만큼 메타버스에서 벌어지는 일이라고 볼 수 있습니다.

3사분면은 외적인 환경을 지향하면서 기술적으로는 시뮬레이션을 이용합니다. 이 부분을 '거울 세계'라고 부릅니다. 말 그대로 현실의 세계를 가상공간 속에 거울처럼 옮겨놨다고 보면 됩니다. '구글어스'를 예로 들 수 있을 것 같습니다. 구글어스의 경우 위성사진을 비롯해 지도는 물론 지형과 건물의 3D 정보 등을 제공합니다. '구글맵'도 거울 세계에 속합니다. 세계여행을 가 보신 분들이라면 구글맵이 얼마나 유용한지 잘 아실 겁니다. 지도가 헷갈릴 때는 지형을 있는 그대로 보여주는 옵션도 있습니다. 디지털 공간 속의 구글맵이 하라는 대로만 하면 우리는 현실 세계에서 길을 잃지 않고 어디든 갈 수 있습니다. 우리가 야식을 시켜 먹을 때 여는 '배달의 민족'도 거울 세계의 일종입니다. 현실에 있는 식당의 메뉴와 주문을 디지털 공간으로 옮겨놓은 배달의 민족은 전화번호부를 열고 전화로 주문을 해야 했던 수고를 덜 수 있게 도와줍니다. 결제도 마찬가지입니다. 배달하는 사람을 만나 카드나 현금을 줄 필요 없이 디지털 공간에서 계산이 가능합니다. 거울 세계는 코로나19로 학교를 갈 수 없었던 학생들도 이미 경험을 했습니다. 온라인 수업, 온라인 회의도 거울 세계의 메타버스로 분류됩니다.

마지막으로 4사분면입니다. 시뮬레이션과 내적 지향으로 분류되는 '가상 세계'입니다. 가상 세계는 우리가 생각하는 가장 일반적인 메타버스 공간입니다. 가상의 공간에 들어간 사람들은 아바타를 앞세워 다양한 활동을 즐길 수 있습니다. 이 가상 세계는 앞에서 잠시 이야기했던 세컨드 라이프를 비롯해 제페토, 포트나이트는 물론 온라인상에서 여러 사람이 만나 즐길 수 있는 롤플레잉게임도 포함될 수 있습니다.

온라인 게임도 정말 메타버스일까?

메타버스를 4개의 분류로 나눠보긴 했는데, 그래도 궁금증이 다 풀리지 않습니다. 여럿이 함께 즐기는 온라인 게임도 정말 메타버스인지 헷갈립니다. 앞에서 ASF는 롤플레잉게임도 메타버스에 포함된다고 분류했습니다. 하지만 이 물음에 대한 답은 전문가마다 차이가 있습니다. 어떤 전문가들은 게임도 메타버스라고 주장합니다. 다른 전문가들은 메타버스에는 게임이 포함되지 않는다고 합니다. 무엇이 맞을까요.

명확하게 맞다, 아니다로 구분하기 어렵습니다. 메타버스라는 용어 자체가 명확한 정의와 함께 사용하는 것은 아니거든요. 워낙 포괄적인 의미이다 보니 개개인에 따라 메타버스를 서로 다르게 정의하고 이야기할 수 있습니다. 그래서 이번 챕터에서는 양쪽의 주장을 모두 설명해 드릴게요. 게임을 과연 메타버스라고 할 수 있을지, 결론은 이 책을 읽고 있을 여러분한테 양보하겠습니다.

먼저 게임도 메타버스라는 주장을 살펴보겠습니다.

메타버스는 현실과는 다른 디지털 가상공간을 의미합니다. 그 안에서 나는 전혀 다른 사람이 되어 활동할 수 있습니다. 제 이야기를 예로 들어보겠습니다. 저는 2006년 '서든 어택'이라는 게임을 즐겨 했습니다. 온라인 FPS(1인칭 슈팅 게임, First-Person Shooter) 게임이에요. 배틀그라운드와 비슷합니다. 주로 '팀플'을 즐겼습니다. 게임이 시작되면 공격 팀은 일정한 장소에 폭탄을 설치해야 합니다. 수비 팀은 공격 팀이 폭탄을 설치하지 못하게 막아야 하지요. 최대 16명이 함께 게임

서든 어택 게임

을 했는데 모두 온라인에서 만난 사람들이었습니다. 저는 저격 총을 주로 사용했습니다. 아이디는 '개불댕'이었어요. 그 공간에서 만난 사람들은 저를 개불댕이라 불렀고, 저 역시 '모찌찹쌀떡'을 비롯한 그들의 아이디를 외치며 작전을 수행했습니다. 하루는 대학 시험 성적이 공개됐던 날이었습니다. 시험 점수가 좋지 않아 우울한 마음에 게임에 접속했고 그날따라 명중률이 상당히 높았어요. 결국 제 플레이를 보던 어떤 사람이 제게 말을 걸어왔습니다. "우리 클랜에서 함께 하지 않으실래요?" 현실 속의 나는 시험 점수가 좋지 않아 우울한 존재였는데, 서든 어택이라는 공간 속에서 저는 전혀 다른 사람으로 인정받고 있었습니다.

어때요, 우리가 지금까지 이야기한 메타버스와 차이가 있다고 생각하시나요? 가상공간에서 만나 현실과는 다른 삶을 살고 있는 나의 모습. 서든 어택은 제게 제페토와 같은 메타버스였습니다.

온라인 게임과 메타버스는 상당히 가깝습니다. 여러 게임 업체들이 이미 확보한 플랫폼을 기반으로 메타버스에 진출하겠다고 발표하는 이유이기도 합니다. 비슷하니까요. 마이크로소프트가 큰돈을 들여 블리자드를 인수한 것도, 미국에서 엄청난 인기를 끌고 있는 포트나이트에서 유명 가수들이 콘서트를 개최하는 것도 같은 이유입니다. 포트나이트라는 게임 플랫폼 자체가 메타버스로 받아들여지고 있는 만큼 온라인 게임과 메타버스의 구분은 무의미합니다.

"메타버스에서는 경제활동이 가능하다."는 주장도 있습니다. 게임은 그렇지 않으니 메타버스와 다르다는 얘기지요. 하지만 오늘도 우리는 게임 캐릭터를 강하게 만들기 위해 '현질'이란 것을 합니다. '리니지'라는 게임을 알 것입니다. 리니지는 게임 속에서 사용하는 아이템과 무기를 사고팔아서 사회적으로 문제가 된 적도 있었습니다. 비싼 무기는 한 개에 1000만 원을 훌쩍 넘기기도 합니다. 리니지 무기 밀거래 시장 규모가 수십억 원에 달한다는 말까지 나왔으니까요.

그러다 보니 오늘의 메타버스 열풍은 기존에 있던 기술이 조금 더 발전한 형태에 불과하다는 주장이 나오기도 합니다. 세컨드 라이프가 인기를 끌었을 때도 지금과 상황은 비슷했습니다. 이미 말했듯이 여러 기업들이 세컨드 라이프 내에 홍보 부스를 만들고 정치인들까지 선거 캠프를 차렸습니다. 다만 지금은 기술이 그때보다 발전한 만큼 조금 더 '세련된' 디지털 공간이 되었습니다. 우리가 즐겨 했던 싸이월드, 페이스북, 인스타그램도 모두 메타버스의 범주에 포함되는 것처럼 메타버스란 것은 새로운 개념이라기보다 '새로운 용어'라고 말합니다. 결국 이는 메타버스 회의론으로도 이어질 수 있습니다. 메타버스가 새로울 것이 없는데, 왜 유행어처럼 떠드느냐는 식으로 말이지요.

여기까지 "메타버스는 과거의 게임과 다를 게 없다."고 하는 측의 주장을 짧게 정리해 봤습니다. 이제는 "메타버스는 기존 게임과 다르다."는 주장을 살펴볼게요.

　게임의 가장 큰 특징은 무엇일까요. 단계가 있고 규칙이 있다는 것입니다. 이는 게임을 즐기는 사용자가 정한 것이 아닙니다. 게임 개발자가 만든 것이죠. 배틀 그라운드라는 게임을 예로 들어볼게요. 처음 시작은 누구나 동일하게 비행기에서 낙하산을 타고 떨어지며 시작합니다. 이후 여러 장소를 돌아다니며 무기를 줍고 상대방과 겨룹니다. 만약 상대방과 겨루는 게 싫다면 어떻게 하면 될까요. 배틀 그라운드에 접속한 뒤 내 아바타를 그냥 세워 둬야 할까요? 정답은 너무 간단합니다. 그냥 배틀 그라운드라는 게임을 하지 않으면 됩니다.

　게임의 가장 큰 한계가 바로 이것입니다. 일정한 규칙이 있고, 그것에 어긋난 행동을 해서는 게임을 즐길 수 없습니다. 게임 플랫폼에 모인 사람들은 개발자가 만들어 놓은, 일정한 규칙이 있는 게임을 즐기기 위해서입니다. 게임이 싫다면, 우리는 디지털 공간에 접속하지 않게 됩니다.

　메타버스는 다릅니다. 제페토를 예로 들어볼게요. 제페토는 특별한 규칙이 없습니다. 다양한 월드에 들어가서 자신이 하고 싶은 것을 하면 됩니다. 노래를 부를 수도 있고 피아노를 칠 수도 있습니다. 인터넷 채팅과도 다릅니다. 자신을 표현하는 아바타가 있고, 그 아바타가 대화를 나누는 형태니까요. 기존의 게임이나 SNS와는 분명히 다릅니다. 제페토 안에서는 아바타를 이용해 챌린지 영상을 찍어 올릴 수도 있습니다. 제페토 안에 또 다른 인스타그램이 있는 셈입니다.

그뿐만이 아닙니다. 제페토에서는 누구나 메타버스 공간에서 활용할 수 있는 아이템을 제작할 수 있습니다. 자신이 만든 아이템을 제페토 내에서 판매해 수익을 올릴 수도 있습니다. 제페토 내에서는 '젬'이라는 단위의 화폐 거래가 이뤄지는데 이를 현금화하는 것이 가능합니다. 젬 1개는 대략 22원인데 환율도 존재합니다.

리니지의 아이템 거래와 제페토의 방식은 다릅니다. 리니지 약관에는 "현금 거래 시도가 영리 목적으로 반복하여 이루어질 경우 1차 제재 시 영구 제재가 적용될 수 있다."고 명시하고 있습니다. 판례에 따라 해석이 다르긴 하지만 영리 목적으로 아이템을 판매했을 때는 위법이 될 가능성이 높습니다. 그런데 제페토는 그렇지 않습니다. 수익을 위해서 제페토를 즐겨도 괜찮습니다.

즉, 제페토 같은 메타버스와 게임이 다른 가장 큰 이유는 소통 방향에 있습니다. 게임은 개발자가 다수의 사용자에게 규칙을 정해 주는 '1대 n'의 소통이라면 제페토는 개발자는 공간만 만들어 주고, 그 안에서의 활동은 현실과 같게 누구나 할 수 있는 'n대 n' 모델입니다.

그렇다면 포트나이트는 어떨까요. 포트나이트가 메타버스라 불리는 이유는 기존 게임과는 다른 다양한 시도를 하고 있기 때문입니다. 포트나이트는 우선 어떠한 플랫폼에서도 접근이 가능합니다. 아이폰과 갤럭시는 물론 닌텐도, PC, 엑스박스, 플레이스테이션 등 모든 게임 플랫폼으로 즐길 수 있습니다. 엑스박스를 이용하는 사용자와 닌텐도를 이용하는 사용자가 한 공간에서 만날 수 있습니다.

게임 모드도 다양합니다. 좀비와 겨루는 세이브 더 월드, 서로 다른 사용자와 겨루는 배틀로얄, 나만의 섬을 창조하는 포크리 등 사용자들이 게임 공간에서 할 수 있는 일이 점점 더 많아지고 있습니다. 가입자가 많다 보니 포트나이트에서는 콘서트가 열리기도 한다고 말씀드렸죠? 사용자들은 게임을 하지 않고 함께 춤을 추며 콘서트에 참여합니다. 기존 게임과는 엄연히 다르다고 볼 수 있겠네요.

지금까지 '게임도 메타버스일까?'라는 주제에 대한 서로 다른 주장을 살펴봤습니다. 어떤 생각이 드시나요. 게임과 메타버스, 정말 같은 것일까요?

메타버스의 할머니

비슷한 주제의 이야기를 조금 더 이어가겠습니다. 메타버스의 조부모라 부를 수 있는 플랫폼들의 '폭망'입니다. 이를 살펴보는 것은 상당히 중요합니다. 지금의 메타버스 열풍도 과거의 사례처럼 신기루에 그칠 것인지를 가늠해 볼 수 있으니까요. 과거와 현재의 플랫폼이 큰 차이가 없다면 오늘날 메타버스의 인기는 언젠가 시들해질 것입니다. 여기서 기술적인 부분은 제외하고 이야기해 볼게요. VR 헤드셋과 같은 기술이 과거에는 없었으니까요.

먼저 싸이월드를 보겠습니다. 30~40대에게 싸이월드는 상당히 친숙한 이름입니다. 마치 지금의 20대에게 '메이플 스토리'와 같다고 할 수 있겠네요. 저 역시 20대 초반, 싸이월드에 반쯤 미쳐 있었습니다.

싸이월드는 작은 '책'과도 같은 2차원 형태의 '미니홈피'를 제공했습니다. 저만의 작은 집입니다. 이를 마음껏 꾸밀 수 있었습니다. 배경음악도 흐르게 할 수 있었어요. 게시판, 사진첩, 다이어리와 같이 나의 일상을 공개할 수 있는 플랫폼이었습니다. 여기에 방명록까지 있었습니다. 누구나 방명록에 글을 남길 수 있었습니다. 나를 표현할 수 있는 작은 아바타 '미니미'도 있었습니다.

홈피를 꾸미기 위해서는 '도토리'가 필요했습니다. 핸드폰 충전 등을 통해 도토리를 구매해 홈피를 꾸미고 배경음악을 깔았습니다. 미니홈피를 꾸밀 수 있는 아이템은 다른 이에게 선물할 수도 있었습니다. 이제는 일상화된 SNS를 비롯해 제페토에서나 볼법한 메타버스의 모든 것을 한 곳에 집약한, 말 그대로 메타버스의 할머니였습니다.

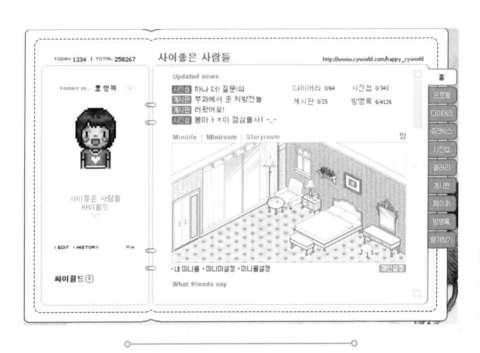

싸이월드 화면

싸이월드의 인기는 엄청났습니다. 2004년 가입자는 1000만 명, 2007년 2000만 명, 2008년 3000만 명에 달했습니다. 2010년에는 3000만 명을 넘어섰죠. 국내 가입자 수입니다. 대한민국 국민이 5000만 명이니 인기가 상당했음을 알 수 있습니다. 지금의 페이스북, 트위터, 인스타그램보다 앞서 SNS 문화를 뿌리내린 플랫폼이었죠. 심지어 2000년대 초반 마크 주커버그가 싸이월드를 배우기 위해 한국을 방문했다는 소문도 있었습니다만, 공식적으로 확인된 내용은 아닙니다. 어쨌든 자부심이 마구마구 생기지 않나요.

도토리는 1개에 100원이었는데 10개가 있으면 음악을 하나 사서 홈피를 꾸미는 것이 가능했습니다. 2008년 당시 하루에 판매되는 도토리 개수는 약 300만 개, 돈으로 환산하면 3억 원이 넘었습니다.

하지만 어느 순간부터 이상해지기 시작했습니다. 방명록에는 "안녕하세요. 제 홈피도 들러주세요."와 같이 자신의 미니홈피를 홍보하는 글이 넘쳐나기 시작했고 광고 또한 많아졌습니다. 스마트폰 세상이 도래하고 있는데 PC 외의 기기로 접속하기가 쉽지 않았습니다. 몰락하던 싸이월드는 2019년 10월에 갑자기 문을 닫았습니다. 2020년에는 세금을 내지 못해 싸이월드의 사업자등록이 말소되는 일도 있었습니다. 최근 다시 문을 열었는데, 가입자가 순식간에 650만 명이나 됐다고 합니다. 저 같은 '아재'들이 옛 추억이 그리워 접속했다고 봐야 할 것 같습니다. 하지만 싸이월드가 제페토처럼 될 가능성은 상당히 낮다고 봅니다. 아니, 거의 없을 것입니다.

싸이월드는 왜 이렇게 됐을까요. 여러 이유가 있겠지만 폐쇄적인 부분이 크게 작용했습니다. 당시 싸이월드는 '네이트온'이라는 메신저와 연동됐습니다. 그밖의 메신저와는 연동이 되지 않았죠. 네이트온 메신저를 사용하는 사람만이 싸이월드와 메신저 연동이 가능했습니다. 싸이월드가 인기를 끌면서 일본, 중국 등에 진출했는데 개방형이 아니라서 국가 간 이동이 어려웠습니다. 중국 싸이월드는 중국 사람들끼리, 한국 싸이월드는 한국 사람들끼리 연결되게 한 것입니다. 언급했듯이 스마트폰 대응도 늦었습니다. 도토리 판매에 몰두하며 지나치게 상업성을 강조한 것도 실패의 원인으로 꼽힙니다. SNS 플랫폼에 대한 이해가 부족했던 것입니다. 그 사이 페이스북과 트위터는 전 지구를 연결하는 플랫폼으로 성장했고 결국 싸이월드는 몰락할 수밖에 없었습니다.

세컨드 라이프도 그와 비슷합니다. 스마트폰과 같은 모바일 시대에 대처하지 못했고 상업적인 부분에 치우쳤습니다. 또한 미국 중심의 플랫폼에 머물면서 지구촌을 아우르지 못했고 컨텐츠도 부족했습니다. 사람들이 그 안에서 미션을 수행하고 다양한 활동을 할 수 있는 컨텐츠가 없었습니다. 사람들을 계속해서 끌어들일 매력이 부족했던 것입니다. 플랫폼이 갖고 있어야 하는 개방성의 부족, 지나친 상업화에 따른 소비자들의 외면이야말로 오늘의 메타버스 플랫폼이 새겨들어야 할 교훈이 아닐까 합니다.

chapter.3

메타버스를 만드는 과학

영화 <레디 플레이어 원>을 다시 한번 떠올려 보겠습니다. 오아시스에 접속하면 우리가 움직이는 대로, 우리의 아바타가 메타버스에서 움직입니다. 메타버스에 접속할 수 있는 장갑과 신발을 신으면 가상 공간 속에서 만진 물건의 촉감이 우리에게 그대로 전달됩니다. 현실에서 러닝머신을 달리면, 오아시스에 들어간 내 아바타도 달립니다. 영화에 등장하는 기술은 먼 미래의 이야기입니다. 물론 일부 기술은 구현 가능해졌지만 현실 속 내 행동이 메타버스 속 아바타의 행동과 그토록 정확히 일치하려면 아직 넘어야 할 산이 많습니다.

앞에서 싸이월드와 세컨드 라이프의 실패를 다뤘는데요, 만약 그때 VR 헤드셋을 비롯해 내가 움직이는 대로 메타버스에서도 똑같이 움직이는 기술이 구현됐다면 과연 그렇게 됐을까요. PC 화면이 아니라 증강현실, 가상현실이 가득한 공간에서 싸이월드와 세컨드 라이프를 즐길 수 있었다면 상황은 지금과는 많이 달라졌을 것입니다. 이번 챕터에서는 메타버스 구현을 위한 과학 기술에 대해 이야기해 보겠습니다.

1초라도 더

메타버스는 가상의 공간입니다. 다만, 메타버스에 접속하는 모든 사람에게 같은 모습이어야 합니다. A와 B가 접속하여 같은 공간에 있는데 A의 배경은 산이고 B는 바다라면 의미가 없겠죠. 말 그대로 디지털 공간 속에 현실과 같은 지구를 만들어야 합니다. 내가 바라보고 있는

클라우드와 에지 컴퓨팅

곳을 다른 사람이 바라봤을 때 똑같은 풍경이 펼쳐져 있어야 합니다.

이때 필요한 대표적인 기술이 바로 '에지 컴퓨팅(Edge computing)'입니다. '에지'는 모서리를 의미합니다. 즉 모서리에서 모서리를 잇는 네트워크 기술을 뜻합니다.

쉽게 게임을 예로 들어볼게요. 1990년대에는 온라인 게임이 거의 없었습니다. 컴퓨터에서 게임을 하려고 해도, 혼자 즐기는 게임이 많았습니다. 옛날 게임은 컴퓨터에 저장된 게임을 불러내서 실행했는데, 그 이유는 저장 장치의 한계 때문입니다. 게임이 화려하고 진짜 같을수록 데이터 처리가 많이 이뤄져야 합니다. 지뢰찾기나 카드게임처럼 가장 단순한 게임은 컴퓨터에 저장돼 있었고, 이후 나온 게임은 플로피 디스크라고 불리는 저장 장치를 이용했습니다. 이어 플로피 디스크보다 더 많은 용량을 저장할 수 있는 CD에 게임이 들어갔습니다. 스타크래프트 잘 아시죠? 맨 처음 스타크래프트가 출시됐을 때 CD를 사서 컴퓨터에 저장해야 했습니다.

하지만 클라우드 기술이 발전한 뒤부터는 CD가 사라졌습니다. 구름을 뜻하는 클라우드는 가상의 공간에 데이터를 저장해두고 필요할 때마다 내려받을 수 있습니다. 지금 스타크래프트 게임을 다운로드하려면 CD가 필요 없죠. 블리자드 홈페이지에 들어가서 돈을 내고 내려받으면 됩니다. 이렇게 메타버스 공간에 접속할 수 있게 됩니다. 하지만 클라우드도 한계가 있었습니다. 보다 현실적인 공간을 위해서는 더 많은 데이터 처리가 필요했거든요.

네트워크 구성을 살펴보겠습니다. 지금 스마트폰을 열고 아무 게임이나 열어보세요. 내가 의도한 대로 게임 속 캐릭터가 움직이게 하려면 스마트폰을 조작해야 합니다. 버튼을 움직이면, 이 신호가 게임을 만든 데이터센터로 전달되고 데이터센터에서 처리된 정보가 다시 스마트폰으로 돌아와 캐릭터가 행동하게 됩니다. 그러는 사이 오고 가는 신호는 '라우터'라 불리는 중계 장치를 거칩니다.

데이터센터가 가깝다면, 우리가 조작하는 게임 캐릭터의 움직임은 상당히 자연스러울 것입니다. 이는 게임의 배경과도 관련이 있습니다. 게임 캐릭터가 앞을 보고 있다가 왼쪽으로 돌렸을 때, 왼쪽 배경이 빠르게 만들어져야 합니다. 데이터가 오고 가는데 지연이 생긴다면 메타버스는 자연스럽지 않을 것입니다. 네트워크상에서 이를 구현해 주는 것이 바로 클라우드를 넘어선 에지 컴퓨팅 기술입니다. 빠른 응답이 필요한 경우 데이터센터까지 정보를 주고받지 않고 사용자가 있는 장소 근처에서 처리하는 기술입니다. 말 그대로 '모서리'에서 이뤄지는 작업입니다.

클라우드의 경우 모든 데이터가 중앙 서버에 저장되어 있습니다. 클라우드도 뛰어난 기술인데, 보다 사실적인 메타버스 공간 구현을 위해서는 2% 부족했습니다. 그래서 출현한 것이 에지 컴퓨팅 기술이라고 보면 됩니다.

에지 컴퓨팅 기술이 필요한 이유는 또 있습니다. 메타버스 접속을 위해 오직 하나의 기기가 필요한 건 아닙니다. 어떤 사람은 스마트폰으로, 어떤 사람은 태블릿으로, 어떤 사람은 데스크톱 컴퓨터로 접속합니다. 기기의 성능에 차이가 있다면 메타버스 속 공간은 누군가에게 왜곡된 공간으로 나타날 것입니다. 이 같은 현상을 방지하기 위해서도 첨단 에지 컴퓨팅 기술이 필요합니다.

에지 컴퓨팅 기술은 다양한 분야에 이미 적용되고 있습니다. 독일의 자동차 기업 아우디는 용접 과정에 에지 컴퓨팅 기술을 적용, 용접 검사 속도를 100배 이상 향상시켰다는데요. 컴퓨터가 용접 부위를 확인하고 불량 또는 합격 판정을 내리는 데이터 처리를 클라우드가 아닌 현장에서 처리하는 것입니다. 이처럼 에지 컴퓨팅 기술은 더욱 현실감 있는 메타버스, 누구나 즐길 수 있는 메타버스 공간을 위해 지금과는 비교할 수 없을 만큼 발전해 나갈 것입니다.

빠르면 빠를수록

클라우드 이야기를 하다 보니 통신을 빼놓을 수 없습니다. 현재 상용화된 5G도 메타버스 구현을 위해 반드시 필요한 기술로 손꼽힙니다.

우리의 통신기술은 1G에서 2G, 3G, 4G를 거쳐 5G로 진화해 왔습니다. 여기서 G는 '세대(Generation)'의 약자입니다. 1G는 음성통화만 가능했던 아날로그 통신을 뜻합니다. 국내에는 1988년 도입됐습니다. 아주 옛날이죠. 1996년 도입된 2G부터 디지털 방식의 통신으로 넘어오게 됩니다. 디지털 신호는 '0'과 '1'로 이루어져 있는 것을 잘 아실 겁니다.

디지털 통신도 마찬가지입니다. 아날로그 통신의 경우 신호가 마치 '사인곡선'처럼 이동한다면 디지털 통신은 0과 1이라는 두 신호로 통신을 하게 됩니다. 잡음에 강하고 효율이 뛰어날 뿐 아니라 보안성 또한 아날로그에 비해 좋습니다. 국내에서 아날로그 통신은 1999년 12월 31일을 끝으로 막을 내렸습니다.

2G에서 5G로 진화하는 동안의 가장 큰 차이점은 속도라고 할 수 있습니다. 우리가 스마트폰으로 인터넷 홈페이지를 열 때 데이터에 따라 페이지가 열리는 속도에 차이가 있습니다. 이를 전송 지연 시간이라 하는데, 4G의 경우 이 지연 시간은 100분의 1초입니다. 반면 5G는 1000분의 1초까지 줄일 수 있습니다. 짧은 시간이라 느낄 수 없을지 모르지만, 홈페이지를 열 때 5G가 4G와 비교하여 10배 이상 빠른 셈입니다.

2G에서 5G로 통신기술이 발전하면서 우리의 삶은 메타버스로 보다 빠르게 달려갈 수 있게 됐습니다. 3G 시대부터 우리는 스마트폰을 이용해 인터넷 접속이 가능했습니다. 3G 시대에는 음성, 문자 전송 속

도가 빨라졌고 스마트폰으로 e메일을 보내는 것도 가능했습니다. 다만 게임은 한계가 있었죠.

우리가 스마트폰을 쓰면서 "와 쓸 만하다."라고 말하게 된 것은 4G 시대부터라고 생각합니다. 3G 시대에도 스마트폰으로 동영상을 볼 수 있었지만, 와이파이가 접속되지 않은 상태에서 동영상 스트리밍을 즐기기란 어려운 일이었습니다. 자주 끊겼고, 지하철을 타거나 교외 지역에 있으면 그마저도 잘 안됐습니다. 하지만 4G 시대가 오면서 우리는 언제 어디서든지 동영상 시청이 가능해졌고 이에 따라 '유튜브'라는 플랫폼의 인기가 치솟았습니다.

하지만 4G에서도 메타버스와 같은 플랫폼을 즐기는 것은 쉽지 않았습니다. 동영상보다 메타버스 플랫폼 환경 구현을 위해 주고받는 데이터가 많기 때문입니다. 5G 시대가 열리기 시작하면서 대기업은 물론 많은 벤처기업이 VR, AR 관련 서비스를 제공하겠다고 나선 이유이기도 합니다.

5G 통신기술

4G가 초당 100Mb(메가바이트)를 전송한다면 5G는 1Gb(기가바이트) 전송이 가능했습니다. 조금 더 쉽게 표현하면 영화 한 편을 다운로드하는 데 4G는 1시간이 걸렸다면 5G는 3분 만에 가능합니다. 이 같은 통신 속도가 받쳐줘야만 우리는 거대한 메타버스 플랫폼에서 왜곡과 지연 없이 즐길 수 있습니다. 통신 속도는 빠르면 빠를수록 좋습니다. 향후 5G보다 더 빠른 6G 시대가 온다면, 메타버스는 우리 삶에 더 가까이 다가올 것입니다.

떼려야 뗄 수 없는 것들

"메타버스 시대, 삼성전자와 SK하이닉스 방긋."

뉴스에서 혹시 이 같은 제목의 기사를 보신 적 있을지 모르겠습니다. 한국이 잘하는 산업이죠. 삼성전자와 SK하이닉스 외에 한 번쯤 이름을 들어봤을 법한 기업 TSMC나 인텔도 메타버스 시대에 수혜를 입을만한 기업이라고 자주 소개됩니다. 모두 반도체를 만들어 파는 기업입니다.

반도체는 메타버스와 떼려야 뗄 수 없는 제품입니다. 일단 반도체가 무엇인지부터 가볍게 알아보겠습니다. 너무 귀에 익은 제품이죠. 스마트폰, 컴퓨터 등 이 세상에 존재하는 모든 전자제품에 쓰이는 것이 바로 반도체입니다. 모르는 사람은 없는데 막상 반도체가 무슨 일을 하냐고 물으면 답하기가 쉽지 않습니다.

반도체는, 반은 도체란 얘기입니다. 도체는 전기가 흐르는 물체를 뜻합니다. 즉 반도체는 도체의 성질을 갖고 있을 뿐 아니라 전기가 흐르지 않는 부도체의 성질도 갖고 있는 물질을 의미합니다. 전기가 통할 수도 있고, 통하지 않을 수도 있다는 얘기입니다.

그러므로 반도체가 있어야 전자기기를 작동시키거나 끌 수 있습니다. 만약 선풍기에 반도체가 없다면 어떻게 될까요. 선풍기가 작동하려면 전기가 흘러야 하니까 도체를 사용해야 할 것입니다. 전기가 도체를 흐르면서 선풍기는 작동하겠죠. 하지만 선풍기를 끌 수 없습니다. 코드를 뽑아버리지 않는 한 계속 돌아가는 선풍기를 갖고 있을 수밖에 없는 겁니다. 하지만 전기를 인위적으로 흐르지 않게 할 수 있는 반도체가 있다면 자유자재로 켜고 끌 수 있겠죠.

또한 반도체는 메모리 반도체와 비메모리 반도체로 나뉩니다. 메모리 반도체는 데이터를 저장하는 역할을 합니다. 삼성전자와 SK하이닉스가 잘 만드는 제품입니다. 비메모리 반도체란 데이터 저장 이외의 반도체를 뜻합니다. 컴퓨터의 두뇌 역할을 하는 CPU부터 화려한 화면을 만드는 그래픽 반도체, 통신 반도체 등 다양합니다. 예약된 시간이 되었을 때 로봇 청소기가 스스로 작동하도록 하는 것도 반도체가 작동하기 때문입니다.

미래 반도체

이제 대략 감이 오죠? 메타버스 시대가 되면 우리는 컴퓨터를 비롯해 스마트폰, 태블릿 PC는 물론 VR 헤드셋 등 다양한 전자기기를 사용하게 됩니다. 그 전자기기의 성능을 가늠하는 것이 바로 반도체죠. 다시 말해 좋은 반도체가 개발되면 더 좋은 성능의 전자기기가 등장할 것이고, 이는 우리가 메타버스 세상에 한층 더 빠져들 수 있는 기반이 될 것입니다. 반도체를 메타버스의 인프라라고 부르는 이유입니다.

현재의 메타버스 플랫폼을 보면 현실과는 확연히 구분됩니다. 하지만 반도체 기술이 발전해서 높은 사양의 전자기기가 늘어나고 반도체의 정보처리 능력이 지금보다 훨씬 더 좋아진다면 현실과 정말 비슷한 메타버스 플랫폼 구현이 가능하게 될 것입니다.

여기서 그래픽처리장치(GPU)도 빼놓을 수 없습니다. 10년 전만 하더라도 PC방을 갈 때면 먼저 컴퓨터 사양을 알아보곤 했습니다. 특히 PC방의 그래픽 카드 사양이 어떤지, GPU는 어떤 기업 것을 쓰는지 살펴보곤 했는데, 그 이유는 그래픽 카드와 GPU 성능에 따라 게임의 완성도에 차이가 나기 때문입니다. 누구나 끊김 없이, 좋은 그래픽과 함께 게임을 즐기길 원했으므로 그래픽 카드와 GPU가 좋은 제품을 탑재한 PC방을 찾는 건 당연했습니다.

그래픽 카드란 데이터를 영상 신호로 바꿔주는 장치입니다. GPU는 그래픽 카드의 부품으로 그래픽 연산을 빠르게 처리해 모니터에 관련 값을 출력해 주는 역할을 합니다. 특히 3D 그래픽 출력을 목적으로 만들어진 만큼 최근 출시되는 게임 구동을 위해서라면 없어서는 안 되는 부품입니다. 방금 말씀드렸듯이 GPU는 3D 그래픽과 관련이 있습니다. 3D 그래픽은 바로 현실과 연결됩니다. 우리가 마주하는 현실이 3D이니까요. 그래서 GPU 성능이 좋다면, 우리 현실을 디지털 공간으로 옮겨놓는 메타버스 플랫폼도 좋아지게 됩니다.

이 같은 이유로 엔비디아, AMD와 같이 GPU를 만드는 기업들이 메타버스 시대에 주목받고 있습니다. 엔비디아의 CEO인 젠슨 황이 지난 2020년 10월에 이런 말을 했습니다. "메타버스 시대가 오고 있습니다. 그 중심에 엔비디아가 있습니다." 여러분도 이제 그 이유를 잘 알 것입니다.

현실과 디지털 세계의 만남

지금까지 언급한 기술은 이미 제품으로 상용화되었다면 지금부터 이야기할 것들은 당장 구현되기 어려운, 다소 먼 미래에 보게 될 기술입니다. 제페토와 같이 현재 출시된 메타버스 공간에서는 아직 필요 없지만, SF영화 속의 메타버스 구현을 위해서는 반드시 필요한 기술이라고 이해하면 될 것 같습니다. 먼 미래라고 했지만 그래 봤자 짧으면 5년, 길어야 20년 정도가 될 것입니다. 이 책을 읽고 있을 학생들이 성인이 되었을 때쯤이겠네요.

먼저 스마트 글래스를 꼽을 수 있습니다. 우리가 살고 있는 현실 세계에 가상의 무언가를 덧붙여 정보를 제공하거나 게임 등을 즐길 수 있도록 돕는 제품을 일반적으로 스마트 글래스라고 부릅니다. 첩보 영화에도 종종 등장합니다. 스마트 글래스를 쓰면 우리가 보는 물체의 정보가 눈앞에 펼쳐집니다. 와인을 보면 가격이나 원산지 같은 정보가 뜨고, 빌딩을 보고 있으면 어떤 업체들이 쓰고 있는 몇 층 건물인지도 자세히 알려줍니다. 수많은 군중 속에서 원하는 사람을 찾아주기도 하죠. 물론 이는 아직 영화 속 이야기일 뿐입니다.

현실은 어떨까요. 혹시 '구글 글래스'라고 기억하시나요. 구글이 2011년에 공개한 구글 글래스는 2014년부터 잠시 판매됐지만 지금은 쏙 들어가 버린 미완의 제품이었습니다. 웨어러블 기기에 증강현실이 가미된, 말 그대로 첨단 제품이었는데 말이죠. 구글 글래스를 쓰고 "오케이 글래스!"라고 외치며 고개를 끄덕이면 작동이 됐다고 합니다. 스마트폰과 연동할 경우 스마트폰 화면이 바로 눈앞에 나타납니다. "사진을 찍어줘."라고 말하면 내가 지금 눈으로 보고 있는 장면이 그대로 찍혀 스마트폰에 저장됩니다. 상대방과 대화를 하면서도 글래스 안쪽에는 스마트폰 화면이 떠서 멀티 태스킹도 가능했다고 합니다. 당시만 해도 정말 혁신적인 제품이라고 소개됐습니다. 하지만 2015년 이후 구글 글래스는 사라졌습니다. 단순 기능만 제공하는 애플리케이션과 150만 원이 넘는 비싼 가격에 소비자의 관심을 받기

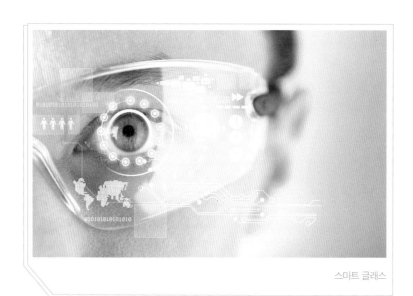

스마트 글래스

어려웠습니다.

그랬던 구글이 2022년 새로운 글래스를 선보였습니다. 구글이 공개한 영상에 따르면, 이 글래스를 쓰고 있으면 상대방이 말하는 언어와 내용이 눈앞에 표시됩니다. 지금도 다양한 애플리케이션이 이 같은 번역 서비스를 제공하고 있는 만큼 충분히 상용화 가능한 기술이라는 생각이 듭니다. 그밖에 어떤 기술이 들어가 있을지 궁금해지네요. 애플도 스마트 글래스를 개발하고 있습니다. 2024년 이후에나 가능하다는 얘기도 있습니다. 다만 이 글래스에 어떤 기능들이 탑재됐는지는 아직 알려지지 않았습니다. 마치 영화의 한 장면처럼 목적지를 설정하면 실제 도로와 내비게이션을 연동해 길을 알려주는 기술도 가능할 것으로 IT 업계에서는 보고 있습니다. 안경의 한쪽 렌즈에서는 영상 통화가 이뤄지고, 다른 쪽 렌즈에서는 영상이 흘러나오게 할 수도 있습니다. 또한 애플 글래스를 쓰고 시험지를 보면 렌즈가 글자를 판독한 뒤에 문제의 답을 인터넷에서 스스로 찾아 제공해주는 것도 가능합니다. 이렇게 되면 학교나 기업에서 시험을 칠 때 스마트 글래스를 착용한 상태로 들어오면 안 된다는 규정이 생기겠네요.

스마트글래스를 개발하고 있는 애플은 2024년 '비전프로'라 불리는 메타버스 기기를 출시합니다. 마치 메타의 퀘스트처럼 머리에 쓰는 비전프로에 대해 애플은 '공간 컴퓨터'라는 꼬리표를 붙여 줬습니다. 비전프로를 쓰면 우리 눈앞에 '현실'이 있는 그대로 보입니다. 그리고 그 공간이 스마트폰의 액정 화면처럼 바뀝니다. 눈앞에 모니터를 10개 이상 만들어 놓을 수 있을 뿐 아니라 공간에 만들어진 키보드를 손가락으로 눌러 메시지를 보내는 것도 가능합니다. 공상과학(SF) 영화인 〈마이너리티 리포트〉에 등장하는 공간 컴퓨팅 시대가 이미 구현된 것이나 다름없습니다. 비전프로에서는 디즈니플러스에서 제공하는 영화도 볼 수 있고 스타트업 '어메이즈VR'이 만든 콘텐츠를 열면 유명 가수들의 콘서트를 눈앞에서 즐기는 경험을 할 수도 있습니다. 비싼 가격이(약 500만 원) 걸림돌이지만, 아이폰이 처음 등장하고 대중화되기까지 5~6년이 걸린 만큼, 애플의 비전프로 역시 향후 가격이 떨어지면 대중화될 가능성이 커 보입니다. 메타버스를 많은 사람들이 즐길 수 있는 시기가 머지않았습니다.

지금 우리 스마트폰에 들어있는 많은 기능이 스마트 글래스에도 구현 가능해진다고 보면 됩니다. 아마 더 많은 신기술이 새로 탑재되겠죠. 이런 기능도 상상해볼 수 있을 것 같습니다. 길을 걷다가 들려오는 음악의 제목이 궁금해지면, 지금은 스마트폰을 열고 음성 검색 서비스를 이용해야 합니다. 하지만 그러지 않고 간단히 "애플, 지금 들리는 음악 찾아줘."라고 말만 하면 바로 검색해서 눈앞의 렌즈에 보여주는 거죠. 일을 할 때도 다채롭게 활용할 수 있을 것 같습니다.

한쪽 렌즈에서는 영상 회의를 하면서 다른 쪽 렌즈에는 회의에 필요한 자료를 펼쳐 놓는 거죠. 그런 상황에서 두 손은 자유롭게 되죠.

양손이 자유로워지면 우리는 더 많은 일을 할 수 있게 됩니다. 300만 년 전, 나무 위에서 생활하던 인간과 원숭이의 공통 조상이 땅으로 내려와 두 발로 걸으면서부터 최초의 인류가 태어났습니다. 손이 자유로워지면서 인류는 문명을 만들어낼 수 있었습니다. 스마트 글래스가 현실화되면, 우리 사회의 발전 속도는 엄청나게 빨라질 것입니다.

메타버스에서 느끼는 오감

한때 영화관에서 4D가 유행한 적이 있습니다. 좌석이 움직이고 영화 속 장면에서 물이 덮치면 실제로 얼굴에 물이 분사되는 공간이었습니다. 영화에 꽃밭이 등장하면 은은한 꽃향기도 영화관 속으로 퍼져나갔습니다. 그런 기능이 추가된 만큼 일반 영화표와 비교해 가격도 비쌌습니다. 영화 속 공간을 현실에서도 느끼게 해 주는 기술인데, 이는 메타버스와 연결된 기술로 볼 수 있습니다. 물론 아직은 아주 초보적인 수준이지만요.

메타버스 공간에서 현실과도 같은 삶을 즐기려면 우리의 오감이 디지털 공간에도 열려 있어야 합니다. 메타버스에서 발견한 장미꽃에 코를 갖다 대면 진짜 장미 향기가 나고, 오렌지를 만지면 실제로 오렌지 감촉을 느끼고, 누군가 내 어깨를 툭, 치면 정말 어깨에 압력이 가해지는 이 같은 기술이 구현될 수 있다면 메타버스와 현실의 경계가 희미해지지 않을까요. 메타버스 공간이 현실이 되고, 현실이 메타버스 공간이 될지도 모르겠습니다. 어쨌든 메타버스에서도 우리가 오감을 느낄 수 있다면 스마트 글래스처럼 엄청난 변화가 우리 삶에 나타날 것 같습니다.

이런 기술은 아직 시작 단계이지만 하나둘씩 구현되고 있기도 합니다. 좀 더 명확히 이야기하면 구현을 위한 기초 기술이 개발되고 있는 상황입니다. 몇 가지 소개해 드릴게요. 한국전자통신연구원

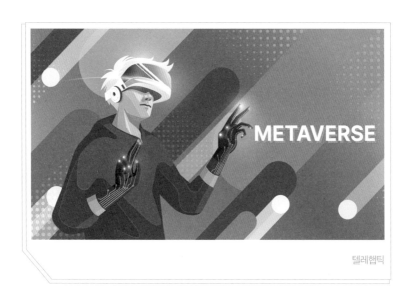

텔레햅틱

(ETRI)과 미국 텍사스주립대 공동 연구진은 15m 떨어진 곳에 있는 물체를 만지고 촉감을 느낄 수 있는 원격촉감기술, 이른바 '텔레햅틱'을 개발했다고 지난 2021년 발표한 바 있습니다.

연구진은, 누르면 전기를 만들어내는 압전소자를 이용한 특수 장갑을 만들었습니다. 이를 15m 떨어진 거리에서 서로 다른 두 사람이 착용합니다. 이해하기 쉽게 A, B라고 할게요. A가 장갑을 착용한 채 털이 많은 개를 쓰다듬습니다. 개를 쓰다듬을 때 만들어지는 압력의 차이에 따라 전기 신호가 B의 장갑으로 전달됩니다. B는 개를 쓰다듬지 않았음에도 A의 감촉을 느낄 수 있게 됩니다. 연구진은 부드러움, 딱딱함, 까칠까칠함 같은 촉감을 전달하고 느끼게 하는 데 성공했다고 합니다. 이 기술이 더욱 정교해진다면 메타버스로 확대될 수 있습니다. 우리가 보통 나무나 금속 등을 만질 때 느끼는 감촉을 저장했다가 메타버스에서 이를 우리 손으로 전달해 주면 되니까요.

후각도 마찬가지입니다. 장미 향, 음식 냄새는 지금도 여러 가지 화학 물질을 합성해 똑같이 흉내 낼 수 있습니다. 이를 저장해 뒀다가 장미꽃 근처에 가면 VR 헤드셋 같은 기기가 이를 뿜어낼 수 있습니다. 더 많은 향을 느끼려면 어떻게 해야 할까요. 화학 물질을 그때그때 조합하면 됩니다. 물론 이 기술의 구현은 상당히 어려워 보입니다.

미각은 어떨까요. 자유롭게 상상해보겠습니다. 미각은 혀에서 이뤄집니다. 혀에는 단맛과 신맛, 쓴맛, 짠맛 등을 느끼는 수용체가 분포해 있습니다. 이 수용체를 자극할 수 있는 작은 분자를 만드는 겁니다. 예를 들어 초콜릿은 우리 입으로 들어와 혀에 닿으면 단맛을 느끼는 수용체를 자극합니다. 이처럼 단맛 수용체를 자극하는 분자를 만들어 놨다가 메타버스 안에서 초콜릿을 먹었을 때 VR 헤드셋이 그 분자를 입 근처에 뿌려주는 거죠. 그러면 실제로 초콜릿을 먹고 있는 듯한 미각을 느낄 수 있습니다. 그러나 이런 기술이 현실에서 상용화되려면 아주 많은 시간이 필요할 것 같습니다.

아이언맨 슈트가 현실로

한 발 더 나가 보겠습니다. 촉각과 후각을 보다 간편하게 느낄 수 있는 방법입니다.

우리가 무언가를 만지면서 촉각을 느끼거나 냄새를 맡을 수 있는 이유는 감각기관이 보낸 정보가 뇌에서 '처리'됐기 때문입니다. 즉, 장미꽃 냄새를 맡았을 때 우리가 "이게 장미로구나."하고 알 수 있는 것은 뇌가 기존 경험을 바탕으로 "이건 장미꽃 향이야."하고 정보를 처리했기 때문입니다. 이때 뇌 어딘가가 활성화됩니다. 이는 기능적 자기공명영상장치로 확인이 가능합니다. 장미꽃 냄새를 맡았을 때 우리 뇌에서 일어나는 현상을 그대로 모방할 수 있다면 어떻게 될까

아이언맨

요. 거꾸로 우리 뇌에 자극을 줘서 뇌가 장미 향을 맡았을 때 일어나는 현상을 그대로 재현할 수 있을 것입니다. 뇌파를 측정하거나 뇌에 자극을 줄 수 있는, 특수 제작된 모자만 쓴다면 실제 경험하지 않아도 촉각과 후각을 느끼는 일은 가능하게 됩니다. 이런 연구가 현재 진행되고 있습니다.

여기서 필요한 게 바로 웨어러블 기술입니다. 마치 영화 속 아이언맨 슈트처럼 우리 몸을 감싸는 많은 기술이 메타버스 구현에 도움을 줄 수 있습니다.

한 연구를 예로 들어볼게요. 앞서 이야기한 대로 뇌에 자극을 줘서 특정 감각을 유도하는 기술은 지금도 일부 현실화됐습니다. 다만 두개골을 열고 작은 전극을 대뇌에 이식하는 대수술을 거쳐야 합니다. 사실상 누구나 할 수 있는 수술은 아니어서 전신마비 환자를 대상으로 특정 감각을 느끼도록 돕기 위해 대뇌에 전극을 꽂는 '심부자

극' 연구가 이루어지고 있는 수준입니다. 대뇌에 삽입된 전극에 자극을 주었을 때 전신마비 환자가 "누군가 내 팔을 찌르고 있다.", "내 팔을 만지고 있다."와 같은 감각을 실제로 느끼게 하는 것이지요.

두개골을 여는 것이 어려운 일인 만큼 뇌파를 측정하거나 대뇌로 자극을 보낼 수 있는 헤드셋 개발에도 나서고 있습니다. 현재 손을 사용하지 않고 게임을 하는 등의 기초적인 기술이 개발된 상태입니다. 지난 2014년 브라질 월드컵에 하반신이 마비된 장애인이 뇌파를 감지하는 헬맷을 쓴 채 생각만으로 로봇 발을 작동, 시축을 한 사례도 있습니다. 여전히 뇌파를 측정해 복잡한 동작을 구현하는 것은 어렵지만 간단한 동작은 가능한 시대에 접어들었습니다.

로봇 팔의 기술 발전 속도도 상당히 매섭습니다. 메타버스 공간에서 우리가 어떤 물건을 잡았을 때 그 물건의 감촉과 형태가 실제 손으로도 전달될 수 있습니다. 대표적인 연구 사례로 미국 코넬대학이 2021년 선보인 '피부센서'를 꼽을 수 있습니다. 마치 장갑처럼 생긴 이 센서는 촉감과 함께 손의 움직임을 디지털 공간으로 옮기는 것이 가능합니다. 이 센서를 손에 부착하고 주먹을 쥐면 디지털 공간 속의 내 손도 주먹을 쥡니다. 엄지손가락을 치켜세우면, 그대로 디지털 공간에서 내 움직임이 이어집니다. 그 반대도 얼마든지 가능합니다. 이 센서를 부착하고 디지털 공간 속에서 어떤 물체를 쥐면 그 움직임이 그대로 센서로 전달, 현실에 있는 손이 디지털 공간과 똑같은 형태로 바뀔 수 있습니다. 우리가 할 일은 힘을 빼고 센서에 손가락을 맡기면 되는 것입니다. 이 같은 기술이 보편화된다면 메타버스와 현실의 구분도 차츰 사라질 것입니다. 그리고 이는 여러분이 성인이 될 때쯤이면 상당 부분 현실이 될 것입니다.

블록체인, 현실과 메타버스를 잇다

메타버스 공간에서 우리는 현실과 다른 새로운 삶을 살 수 있습니다. '살기 위해' 필요한 것은 무엇일까요. 바로 '경제활동'입니다. 돈을 내고 무엇인가를 사기도 하고 가치 있는 무언가를 만들어 팔 수도 있습니다. 지금 제페토에서도 실제 이루어지고 있는 일입니다. 다만 거래되는 화폐는 현실 세계의 돈입니다. 디지털 공간에 적합한 화폐가 있다면 어떨까요. 더 완벽한 메타버스가 완성되지 않을까요.

여기에 필요한 기술이 바로 '블록체인'입니다. 현실 세계의 생산 활동은 실제로 눈에 보이는 '무언가'를 만드는 행위였습니다. 메타버스에서 만드는 것은 가상의 디지털 상품입니다. 블록체인은 이 제품을 '인증'하고 다른 사람이 해킹할 수 없도록 창작물의 소유권을 입증할 수 있도록 돕는 기술입니다. 예를 들어 메타버스 내에서만 유통 가능한 '디지털 옷'을 만들었다고 가정해 볼게요. 디지털로 이뤄진 만큼

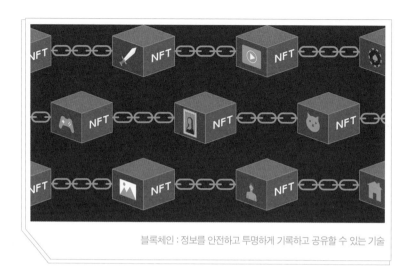

블록체인 : 정보를 안전하고 투명하게 기록하고 공유할 수 있는 기술

컴퓨터를 잘 다루는 사람이라면 금방 모양과 형태를 복사해 배포할 수 있을 것입니다. 여기에 블록체인 개념의 '대체 불가능한 토큰(NFT)'을 활용하면 진품과 '짝퉁'을 구별할 수 있게 됩니다. 내가 만든 창작물의 디자인과 상표 등을 보호받을 수 있게 되는 겁니다.

블록체인 기반의 암호화폐가 메타버스에서 거래된다면 보다 안전한 경제활동이 가능하게 됩니다. 조금 어렵게 느껴질 수 있는데, 블록체인과 관련한 이야기는 다음 챕터에서 전문가의 설명과 함께 상세하게 살펴보도록 하겠습니다.

chapter.4

재편되는 시공간, 확대되는 기회

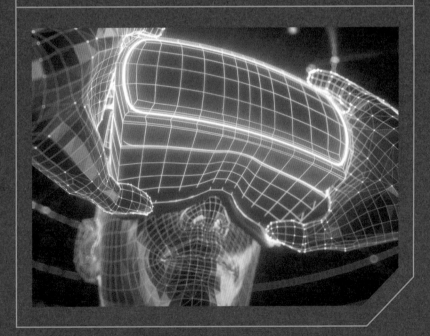

메타버스는 단순히 디지털 공간에서 친구를 만나거나 물건을 사고파는 곳만이 아닙니다. 이미 여러 산업 분야에 걸쳐 메타버스가 폭넓게 활용되고 있습니다. 기업들은 연구개발에 걸리는 시간을 줄이거나 개발한 제품을 더 잘 홍보하기 위해서, 병원에서는 난이도 있는 수술의 성공 가능성을 높이기 위해서 메타버스를 활용하고 있습니다. 이번 챕터에서는 우리 삶에 깊숙이 들어와 있는 메타버스에 대해 살펴보겠습니다.

2020년 2월부터 전 세계를 강타한 코로나19는 우리 사회의 디지털화를 앞당기는 계기가 됐습니다. 메타버스 역시 마찬가지입니다. 외출이 쉽지 않자 사람들은 집에서 일하기 시작했고 그 과정에서 우리는 알게 모르게 메타버스 공간으로 들어갔습니다. 줌을 이용한 화상회의와 수업 모두 메타버스의 영역이거든요. 게임도 즐겨 했습니다. 2020년 3월 닌텐도가 출시한 게임 '동물의 숲'은 한 달이 채 되지 않아 전 세계인의 사랑을 받게 됩니다. 동물의 숲은 단순한 게임입니다. 무인도로 이주한 게임 캐릭터가 집을 짓고 낚시를 하고 식물을 가꾸며 살아갑니다. 코로나19와 맞물리면서 동물의 숲에는 '힐링'이라는 수식어가 따라붙었고 이와 함께 엄청난 인기를 끌게 됩니다. 코로나19로 외출이 불가능해진 상황에서 학생들은 이곳에서 친구들을 만나 이야기를 나눴고, 성인들은 잠시 바다를 보면서 '멍을 때리며' 힐링했습니다.

코로나19의 기세가 꺾이면서 이 같은 디지털화도 다소 주춤해질 듯싶은데 실상은 그렇지 않습니다. 디지털 공간에서 일해도 딱히 큰 불편이 없다는 것을 이미 경험했기 때문입니다. 또한 이 과정에서 우리 사회는 과거보다 한층 디지털화됐습니다. 이제부터 그 사례를 소개해 보겠습니다.

아바타, 수술을 집도하다

2022년 7월, 브라질에 있는 파울로 니에메예르 국립뇌연구소(IECPN) 부속병원은 샴쌍둥이 분리 수술에 성공했습니다. 과거에도 샴쌍둥이 분리 수술은 몇 차례 언론에 소개된 적이 있었는데 이번 수술은 말 그대로 '역대급'이었습니다. 이 쌍둥이는 태어날 때부터 두개골과 뇌혈관을 공유했다고 합니다. 2018년도에 브라질에서 태어났는데 수술하기 전까지 병원에서 지냈다고 합니다. 최종 분리 수술을 포함해 총 7번의 수술이 이어졌고 마지막 두 차례 수술은 33시간 동안이나 계속됐습니다. 이 수술에 참여한 의료진 수도 100명이 넘습니다.

이 수술의 가장 큰 특징은 준비 과정에서 메타버스 기술이 적용됐다는 점입니다. 의료진은 수술에 앞서 쌍둥이의 뇌를 스캔해 디지털 공간에 옮겨놓은 뒤 수개월 간 수술 준비를 했습니다. 한마디로 수술을 메타버스 공간에서 미리 시행해 보면서 현실에서 발생할 수 있는 문제점을 찾아 줄여나간 것입니다.

2021년 분당 서울대병원 폐암 수술 VR 헤드셋 참관

이 같은 일이 의료현장에서 확대되고 있습니다. 분당 서울대병원은 2021년 메타버스 플랫폼으로 폐암 수술 교육을 진행했습니다. 수술이 진행되는 장면을 아시아 각국에 있는 의료진 200여 명이 지켜봤는데, 이들은 VR 헤드셋으로 수술 장면을 마치 현장에서 눈으로 확인하듯 볼 수 있었습니다. VR 헤드셋을 착용하고 수술을 앞둔 환자를 바라보면 종양의 위치가 바로 눈앞에 표시되는 기술을 활용한 것입니다.

의료 분야에서 메타버스 기술의 적용은 '패러다임 전환'이라 불릴 정도로 획기적인 일입니다. 의사 개인의 경험에 상당 부분 의존하던 수술을 보다 체계적으로 준비하고 집도할 수 있는 환경을 만들어 줬기 때문입니다. 이전에 의사들은 큰 수술을 앞둔 상황에서 환자의 X-선이나 MRI 촬영 사진을 보며 수차례 회의를 합니다. 그리고 발생할 수 있는 문제들을 점검하죠. 머릿속으로 시뮬레이션을 하는 것입니다. 하지만 이제는 가상공간에서 실제로 수술을 진행하며 시뮬레이션할 수 있습니다. 메타버스 공간에 누워있는 환자를 대상으로 수술 과정을 반복 연습할 수 있는 만큼 수술의 성공 확률도 그만큼 높아지겠죠. 수술 도중 발생할 수 있는 문제점도 더 잘 파악할 수 있고요.

환자 입장에서도 변화가 큽니다. 삼성서울병원은 암세포 제거 수술을 앞둔 환자에게 VR 헤드셋을 씌운 뒤 수술 방법과 순서를 설명해 줍니다. 환자의 눈앞에서는 자신의 몸이 나타나고, 3D로 구현한 암세포도 볼 수 있습니다. 이를 제거해 가는 과정을 메타버스 공간에서 확인하는 동안 수술 과정을 한눈에 알게 됩니다. 의료는 기본적으로 의사가 환자에게 일방적으로 정보를 제공하는 '한방향' 소통이었는데, 이 같은 시도를 통해 환자가 수술에 대한 이해도를 높임으로써 '양방향' 소통으로 나아갈 수 있게 됐습니다.

앞으로는 어떻게 될까요. 기술이 더 발전한다면 의사의 아바타가 수술하는 일도 가능할 것입니다. 미국에 있는 세계적 명의에게 내 수술을 맡기고 싶다면, 미국 의사가 움직이는대로 똑같이 행동하는 로봇이 수술을 대신하는 거죠.

메타버스에서 만드는 자동차

제가 실제 경험한 일을 이야기해 보려 합니다. 2016년이었는데, 저는 프랑스에 있는 다쏘시스템이라는 기업을 취재하러 갔습니다. 그곳에서 헤드셋을 착용하자 눈앞에 오렌지 주스를 만드는 공장이 나타났습니다. 병을 세척하고 주스를 넣은 뒤 뚜껑을 닫는 모든 과정이 눈앞에 펼쳐졌습니다. 생산라인 건너편에 빈 공간이 보였습니다. 물량이 늘어날 것을 대비해 라인을 새로 넣을 곳이었는데, 새로운 라인이 곧 눈앞에 들어섰습니다.

이곳은 프랑스에 있는 오렌지 주스 공장을 그대로 메타버스로 옮겨놓은 '디지털 트윈 공장'이었습니다. 해당 기업은 메타버스에 공장을 미리 지어 봄으로써 실제로 공장을 짓는 시간을 줄여 비용을 절감했다고 합니다. 라인 증축도 메타버스 공간에서 수차례 모의 시뮬레이션을 한 뒤 최적의 공간을 선정해 배치했다고 합니다. 6년 전에 이미 이런 일들이 메타버스에서 이뤄지고 있었습니다. 지금은 기술이 얼마나 발전했나 살펴봤더니, 메타버스 공간이 거의 현실과 비슷해졌습니다.

가전기기를 만드는 일도 메타버스에서 얼마든지 가능합니다. 독일의 한 가전업체는 메타버스에서 세탁기를 개발, 시제품을 만들어 판매하고 있습니다. 세탁기를 디자인해서 메타버스에 띄워놓으면 엔지니어부터 마케팅 담당자들까지 물리적 공간이 없는 메타버스에서 만나 제품에 대해 논의합니다. 디지털 공간에서 세탁기를 작동시키고 진동이 심하지는 않은지, 설계에 문제가 없는지도 파악합니다. 디자인이 끝난 뒤 생산라인 설계, 테스트 제품 생산, 마케팅 등의 작업이 순차적으로 이루어지던 제조업의 경계가 완전히 무너진 셈입니다.

국내 기업들도 제조업이 가진 한계를 극복하기 위해 메타버스를 적극적으로 활용하고 있습니다. 사람 중심으로 하던 일을 디지털 공간에 옮김으로써 효율성을 극대화하기 위한 방안입니다. 특히 현대자동차의 도전이 눈에 띕니다. 현대자동차는 2023년 가동된 싱가포르 글로벌 혁신센터를 메타버스 기반의 디지털 가상공간으로 구축했습니다. 싱가포르 혁신센터는 연구개발(R&D)뿐 아니라 전기차 생산 판매까지 계획하고 있는데, 메타버스 공간 속 공장을 뜻하는 '메타 팩토리'를 도입해 운영을 고도화할 것으로 기대하고 있습니다. 예를 들어 신차 생산을 앞둔 공장은 메타 팩토리를 운영하는 것만으로도 앞으로의 공장 가동률을 미리 예측할 수 있습니다. 공장 내에 문제가 발생할 경우에는 직접 방문 없이도 원격으로 해결할 수 있겠죠.

현대차가 메타버스 공간에서 하고 있는 일을 좀 더 알아보겠습니다. 아무래도 차를 만드는 일이 전통적으로 제조업의 영역이다 보니

메타버스와 현대자동차의 도전

메타버스로 옮길 수 있는 부분도 많아 보입니다. 지금 현대차는 메타버스에서 신차를 개발하는 방안을 검토하고 있습니다. 예를 들어볼게요. 몇 해 전 전기차 '아이오닉6'가 출시됐습니다. 아이오닉6라는 신차가 출시되기 전까지 현대차 연구원들은 수많은 실험을 합니다. 일단 차를 먼저 만들어 보겠죠. 쇳물을 녹여 금형에 넣은 뒤 굳혀서 차체 외형을 만들고 이를 결합한 뒤에 배터리와 모터를 결합하고, 시트는 물론 각종 디지털 장비들을 넣은 뒤 자동차가 잘 작동하는지 살펴봅니다. 이 과정에서 차에 이상이 발견되면 설계를 다시 합니다. 또 한 번 금형을 만들고, 거기에 쇳물을 넣어 굳힌 뒤 차를 완성시켜 테스트에 들어갑니다. 이 과정을 수차례 반복하다 보면 엄청난 비용이 발생합니다.

이러한 테스트의 상당수를 메타버스로 옮길 수 있게 됐습니다. 메타버스 구현을 위한 기술들이 빠르게 발전했기 때문입니다. 자동차의 외관을 특정 모양으로 만들었을 때 차가 잘 작동할지, 충돌했을 때 차가 너무 많이 찌그러지지는 않을지 등을 메타버스에서 확인 가능해진 것입니다. 실제 테스트와 메타버스에서의 테스트에 얼마나 큰 차이가 있는지도 연구 중인데, 메타버스에서 차를 개발하는 것이 현실화되면 신차 개발 기간은 지금보다 단축되고 가격도 떨어질 수 있습니다. 이는 비단 현대차의 도전만은 아닙니다. 전기차 배터리를 만드는 LG에너지솔루션도 국내 공장을 메타 팩토리로 옮기는 작업을 하고 있습니다. 디지털 공간으로 옮긴 공장을 시뮬레이션하면서 공장 운영을 최적화하겠다는 계획입니다. 이렇게 되면 불필요한 비용을 줄이면서 배터리 가격을 떨어뜨려 가격 경쟁력을 올릴 수 있습니다.

게임이야? 훈련이야?

전 세계에서 가장 앞선 기술을 보유한 분야가 뭔지 아시나요. 당연히 '군사기술' 부문입니다. 국방 R&D는 개발 비용을 아끼거나 줄이는 것이 중요하지 않습니다. 경제성이 없더라도, 한 대를 만들더라도 상대보다 더 나은 국방 기술을 보유하는 것이 목표입니다. 그래서 첨단 기술은 대부분 군에서부터 시작합니다. 인터넷이 대표적이죠. GPS도 국방 기술의 산물입니다.

메타버스도 마찬가지입니다. 국방 기술 연구개발에도 활발하게 활용되고 있는데, 몇 가지 예를 살펴보겠습니다.

국방 기술은 돈을 아낄 필요가 없기 때문에 첨단을 달린다고 했는데요, 메타버스가 지금처럼 화두가 되기 전인 2017년, 미국은 '합성훈련환경(STE)'라는 프로그램을 통해 가상공간에서 훈련할 수 있는 기술을 적용했습니다. STE에는 우리가 생각하는 모든 군사 훈련이 들어가 있습니다. 가상공간에서 장갑차를 몰고, 전투기를 조종합니다. 군인들은 VR 헤드셋을 착용한 상태로 눈앞에 나타난 적에게 총을 겨누고 전시 상태에서 발생할 수 있는 일을 몸에 익힙니다. 사격을 비롯한 실제 훈련의 필요성을 줄일 수 있고, 다양한 상황에 대한 적응 훈련을 시공간의 제약 없이 저비용으로 실시할 수 있게 만들어 줍니다. 환경 파괴나 사상자 발생 가능성 역시 최소화할 수 있겠죠. 여러분이 군에 가게 될 5~10년 뒤에는 한국 국인들도 비슷한 환경에서 훈련할 가능성이 높습니다. 지금 국방부가 메타버스를 적용하는 훈련 프로그램 도입을 추진하고 있거든요.

미국 합성훈련환경(STE)

군사 훈련을 메타버스에서 한다면 스포츠라고 못할 것이 없겠죠. 2022년 1월, 영국 프리미어리그의 유명 구단인 멘체스터 시티가 VR 훈련 프로그램을 도입한다고 밝혔습니다. 구체적인 내용은 공개되지 않았지만 VR 헤드셋을 착용한 상태로 서로 다른 장소에서 훈련할 수 있다고 합니다. 심지어 공을 차면 실제로 공을 차는 듯한 감촉까지 발에 전해진다고 하는데 어떤 훈련이 이루어질지 관심이 집중되고 있습니다. 그렇다면 격투기 선수들은 VR 헤드셋을 쓴 상태로 디지털 공간에서 날아오는 상대의 주먹을 피하는 연습을 할 수 있습니다. 내가 겨뤄야 할 상대의 스피드에 초점을 맞추는 훈련도 가능해집니다. 야구도 마찬가지입니다. 류현진 같은 투수를 상대하기 전에, 가상공간에 들어가 류현진 아바타를 띄워놓은 뒤 타석에 서서 그의 주특기인 체인지업이 어떻게 내 앞으로 지나가는지 파악해볼 수도 있습니다. 이 기술은 지금도 충분히 구현 가능합니다.

딱딱한 책은 싫은데…

코로나19로 우리 사회에서 가장 많이 변한 부문을 꼽자면 바로 교육이 아닐까 합니다. 학교에 갈 수 없는 상황에서 학생들은 온라인 수업을 통해 메타버스를 경험했습니다. 심지어 체육 시간도 카메라를 켜 놓고 화상으로 했다고 합니다.

교육은 '대면'이 기본이었습니다. 인터넷 강의가 보편화됐지만 자고로 교육이란 스승과 제자가 마주앉아 지식과 경험을 공유하며 삶을 살아가는 태도를 배우는, 그런 것이었습니다. 그런데 코로나19와 함께 교육에 대한 생각이 송두리째 바뀌었습니다. 이제 교육이란 언제 어디서든 장소에 구애받지 않고 디지털 기기를 이용해 무언가를 배우는 행위가 된 것 같습니다.

메타버스 시대의 교육 경험은 전과 비교할 수 없는 것이 될 수 있습니다. 예를 들어 달에 대해 배운다고 하면, 실제로 달에 가 있는 느낌의 메타버스 공간에서 교육이 진행될 수 있습니다. 역사 속 한 장면을 그대로 재현해 놓은 곳으로 타임머신을 타고 가듯이 옮겨 가서 역사 수업을 받을 수도 있습니다. 이순신 장군의 한산대첩을 영화의 한 장면처럼 재현해 놓은 공간에서 '학익진'이 실제로 어떻게 펼쳐졌는지 실감하면서 공부할 수 있습니다. 인류의 문명이 어떻게 시작됐는지, 삼국시대, 고려시대, 조선시대의 생활상을 똑같이 만들어 놓은 메타버스에 들어가 그들의 삶을 바로 옆에서 지켜보며 공부한다고 생각해 보세요. 우리가 알던 국사가 암기 과목이 아닌 체험 과목으로 바뀔 수 있지 않을까요.

메타버스는 교육 약자에게 새로운 기회를 제공하기도 합니다. 예를 들어 미국 캔자스대학교는 정부의 지원으로 보이스(VOISS)라는 프로그램을 만들었습니다. 이는 자폐 학생이 학교 내에서 겪을 수 있는 여러

가지 상황을 메타버스에서 미리 체험해보고 해결할 수 있도록 돕는 프로그램입니다. '오은영 박사의 금쪽같은 내 새끼'를 보면 아이들의 학교생활을 위해 엄마와 아빠가 상황극을 하는 장면이 종종 나오는데, 이를 메타버스 공간에서 할 수 있다는 얘기입니다.

이처럼 메타버스는 교육계 전반으로 확장되고 있습니다. 한국의 '뉴베이스'라는 기업은 다양한 의료현장을 메타버스에 만들어 놓고 보건의료 분야에 진출한 학생들이 활용할 수 있는 플랫폼을 만들었습니다. 수많은 사례를 넣어 두고 학생들이 메타버스 속에서 다양한 훈련을 함으로써 치료 과정의 효율을 극대화할 수 있을 것입니다. 서

화성의 성분을 알려주는 메타버스 교육 프로그램

울대학교 의과대학은 메타버스를 실습 커리큘럼에 적용해 해부학 수업을 진행하고 있다고 합니다. 대학교 입학식과 졸업식을 메타버스에서 진행한 사례는 이제 흔한 이야기가 되어 버렸습니다. 그런가 하면 국내 기업 '한전KPS'는 메타버스 공간에서 발전소의 밸브 정비 기술을 배우는 VR 콘텐츠를 개발해 마이스터고등학교에 지원하고 있습니다. 책에서 사진으로만 보던 밸브를 디지털 공간 속에서 직접 조작하며 정비 교육을 받게 되면 교육 효과는 더욱 높아질 것입니다.

이처럼 메타버스 활용 사례는 무궁무진합니다. 만약 여러분이 "이런 것도 메타버스에서 할 수 있지 않을까?"라는 생각이 들었다면 인터넷에 관련 키워드를 넣어 보세요. 여러분이 상상하는 플랫폼과 서비스는 이미 구현됐거나 시도되고 있습니다. 만약 여러분이 생각한 그 무언가가 없다면 이유는 딱 두 가지입니다. 아직 구현되기에는 기술적으로 어려움이 있거나, 그게 아니라면 여러분의 창의력이 마크 주커버그 급이라는 것입니다.

메타버스 공간으로 가려는 인간의 욕구는 어쩌면 당연한 것인지도 모릅니다. 70억 인구가 오밀조밀 몰려있는 지구는 너무 좁거든요. 달이나 화성으로 가고 싶은데 아직 30년 이상의 시간이 필요하다고 합니다. 기술적으로 해결할 것들 천지입니다.

그런데 메타버스는 그렇지 않습니다. 이미 20년 넘게 우리는 메타버스 공간을 간접적으로 체험해 왔습니다. 기술이 발전하면서 메타버스 공간은 더욱 더 현실과 비슷해지고 있습니다. 이제 메타버스에서 할 수 있는 것은 단순히 게임과 채팅뿐만이 아닙니다. 무언가를 배울 수 있고 그것을 현실에서 써먹을 수 있습니다. 옷을 사기 전에 내게 어울리는지 직접 입어볼 수 있습니다. 심지어 돈을 벌 수도 있습니다. 스트레스를 푸는 공간이 되기도 하고 즐기는 공간이 되기도 합니다. 상상하는 모든 것이 메타버스에서는 가능합니다.

여러분이 생각하는 모든 것을 메타버스에 만들 수 있고 경험할 수 있습니다. 그만큼 인간의 지식과 경험은 확장되면서 창의력 또한 지금보다 폭발적으로 확대될 것입니다. 시공간의 제약이 사라지면서 그만큼 많은 기회가 열리고 있습니다. 메타버스 공간은 지구가 아닙니다. 평평합니다. 이제 열리기 시작하는 공간이기에 더더욱 그렇습니다. 《미래의 속도》라는 책에 나온 문구 하나를 소개하며 마칠까 합니다. 여러분이 성인이 되어 맞이하게 될 미래, 그곳은 과연 어떤 공간으로 변해 있을까요.

"미래의 변화 속도는 산업혁명보다 10배 더 빠르고, 300배 더 크고, 3000배 더 강하다."

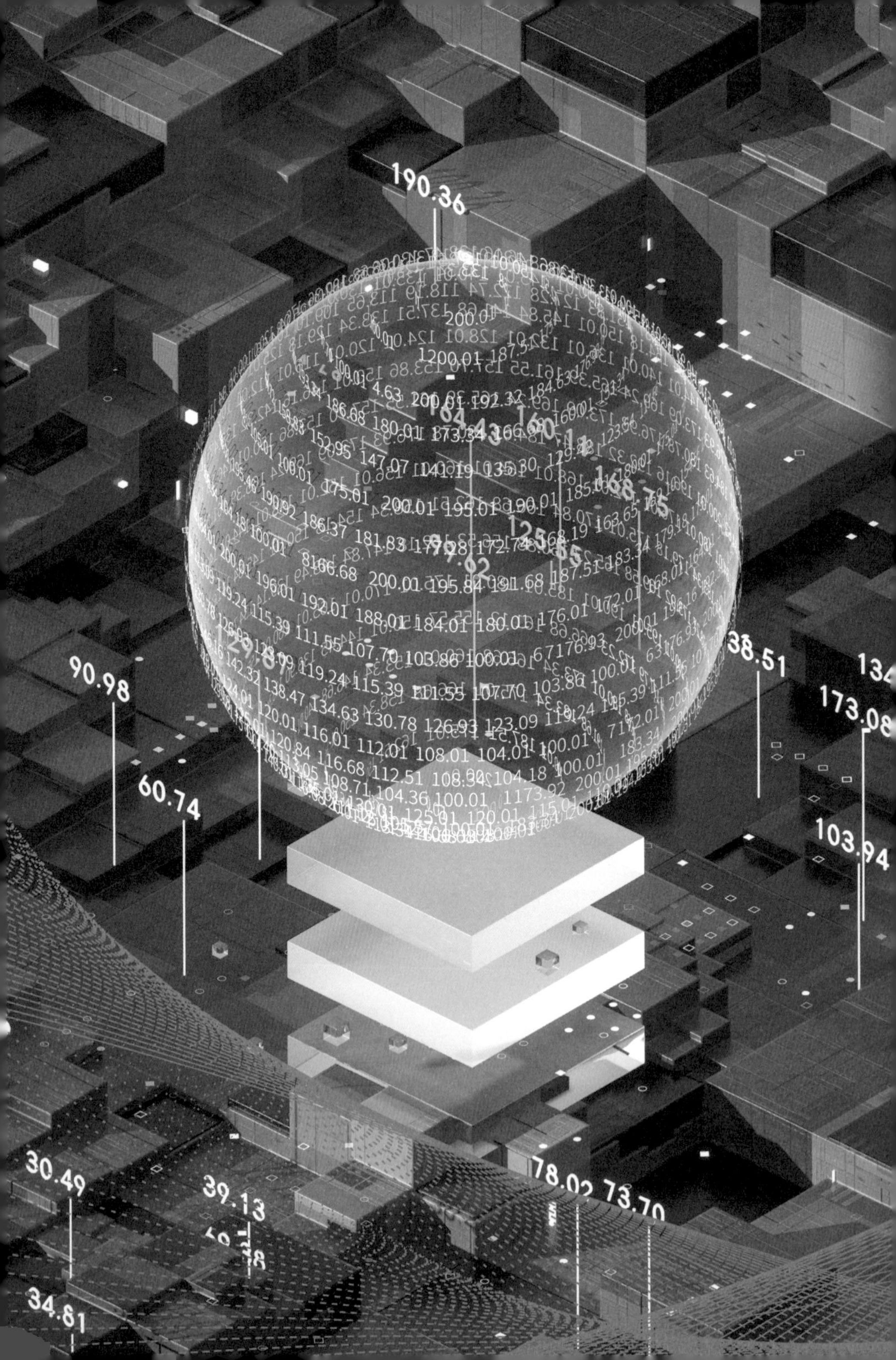
190.36
90.98
60.74
38.51
173.08
103.94
30.49
39.13
78.02
73.70
34.61

PART 2

블록체인

| B L O C K C H A I N |

chapter.1
블록체인이란 무엇일까?

BLOCKCHAIN
TECHNOLOGY

신뢰할 수 있고, 네트워크가 효율적으로 가동되는 P2P

블록체인을 간단하게 말하면 '신뢰할 수 있고, 네트워크가 효율적으로 가동되는 P2P'라고 할 수 있습니다.

우리는 이제부터 이 문장을 이해하기 위한 여정을 함께하게 됩니다. P2P가 무엇인지, 왜 블록체인이 P2P인지, 효율적으로 가동된다는 말은 무슨 뜻인지, 네트워크라는 단어가 주는 의미는 무엇이며, 신뢰할 수 있다는 것은 어떻게 가능한지 차근차근 알아보려고 합니다.

글을 시작하자마자 결론부터 내린 이유는 블록체인의 특성 때문입니다. 블록체인은 여러 가지 문제를 해결하면서 제시된 기술입니다. 각 요소를 설명하다가 마지막에 정의를 내리면 이해하기 어려울 수 있습니다. 블록체인이 현재 진화하는 방향도 다양합니다. 아직 초기 단계의 기술이기에, 블록체인이 가진 여러 가지 부족한 점을 개선하는 방향으로 나아가고 있습니다. 그래서 결론부터 시작하는 겁니다.

먼저 P2P입니다. P2P는 'Peer to Peer'라는 영어 단어의 준말입니다. 'Peer'는 또래, 동료란 뜻이죠. 개인과 개인이 직접 연결되어 데이터를 공유하는 시스템을 말합니다. 여러분도 잘 아는, 파일 공유에 쓰는 '토렌트'가 대표적인 P2P입니다. 보통 우리가 인터넷을 사용하면 SKT나 KT 같은 통신사의 서버를 통해 다른 사람과 소통하는데요, P2P는 서버 없이 컴퓨터끼리 직접 통신을 하는 방식인 겁니다.

쉬운 사례를 들어볼까요? 친구끼리 쪽지를 공유하는 경우를 생각해 보세요. 쪽지는 일대일로만 전달할 수 있습니다. 반 친구들이 모두 쪽지로만 소통한다고 할 때 이런 방식을 P2P라고 합니다. 반대로 중앙화된 서버를 이용하는 경우는 담임선생님이 쪽지를 전해 주는 경우로 생각하면 됩니다. P2P 방식의 가장 큰 특징은 '아무도 검열하지 않는다.'는 겁니다. 쪽지에 친구를 욕하는 내용이 담겨도 전달됩니다. 중앙화된 쪽지 방식을 사용한다면 담임선생님이 허락해 주지 않겠죠.

P2P도 물론 단점이 있습니다. 저작권이 만료된, 오래된 영화를 내려받아 본 적 있다면 고개가 끄덕여질 것입니다.(P2P로 최신 영화를 내려받는

건 불법입니다.) P2P는 개인 대 개인으로 영화를 공유받아야 하기에 누군가가 영화 파일을 갖고 있어야 합니다. 해당 영화를 공유하는 사람이 없다면 공유받을 수가 없는 거죠. 오래된 영화, 그것도 비인기 작품이라면 P2P로 공유받기가 거의 불가능할 겁니다. 네이버 같은 사이트에서 돈을 주고 영화를 구매해 내려받는 것과 비교해 보세요. 네이버에서 구매할 때 우리는 네이버와 일대일로 데이터를 공유합니다. 네이버는 많은 상품을 고객들에게 팔고 싶기에 다양한 영화를 구비해 놓을 겁니다. 인기가 없고 오래된 영화라 하더라도 준비해 두는 거

죠. 쪽지로 소식을 공유하는 모습을 떠올려도 좋습니다. 이미 두 달 전에 A가 집안 사정으로 전학을 갔는데, 친구들이 뒤늦게 그 소식을 알고 싶다고 가정해 보세요. 아무 친구한테나 쪽지를 보내 물어본다면 자세하고 생생한 내막을 알기는 쉽지 않을 겁니다. 반대로 선생님께 물어보면 단번에 알 수 있겠죠.

　자, 이제 다시 블록체인입니다. 블록체인도 P2P입니다. P2P 시스템을 기반으로 만들었다는 뜻입니다. 다만, 블록체인은 P2P의 단점 하나를 극복하기 위해 아이디어를 하나 더했습니다. 오래된 영화를 가진 사람이 파일을 공유하면 경제적 보상을 주는 겁니다. 쪽지를 예로 들면, A가 전학 간 일을 정확하게 기록하고 있다가 누가 원할 때마다 공유하는 친구한테는 약간의 돈을 주는 식입니다. 이게 바로 블록체인 기반의 암호화폐(코인)가 구현하고자 하는 모델입니다. 정보 공유의 중심 역할을 하는 사람에게 보상을 줘서 P2P를 효율적으로 운영하는 겁니다. P2P를 사용하는 사람은 사용료로 코인을 지불하고, 중심 역할을 하는 사람은 코인을 받습니다. 블록체인은 이런 점에서 일반적인 P2P와 차별점을 갖습니다.

　암호화폐 프로젝트가 다양하게 등장하는 것도 효율적인 P2P라는 점 때문입니다. 그러나 모든 프로젝트가 비트코인 같은 화폐를 구현하려는 건 아닙니다. 쪽지처럼 P2P 방식의 공유 시스템을 쓰기 좋은 아이디어라면 무엇이든 구현하려는 사람들이 나타나면서 여러 가지 코인이 만들어지고 있는 겁니다.

두 번째는 네트워크입니다. 블록체인은 하나의 '네트워크'로 보면 됩니다. 쪽지 시스템을 다시 생각해 봅시다. A는 옆자리 B에게 쪽지를 씁니다. 그런데 건너편 C랑 대화하고 싶다면 어떻게 하면 될까요. C와 연결된 B에게 부탁하면 되겠죠. 결국은 P2P가 모여 연락 '망'이 된 겁니다. 그 망이 바로 네트워크입니다.

조금 추상적일 수 있지만, 택배 배송망 같은 걸 떠올려 보면 네트워크가 왜 중요한지 이해할 수 있습니다. 택배 기사들은 저마다 맡은 영역이 있습니다만, 매일 같은 경로로 배송을 가진 않습니다. 매번 주문이 다르니까요. 그날의 배송지를 확인하고 경험을 토대로 가장 효율적인 경로를 정한 뒤 배달을 시작합니다. 이때 머릿속에 떠올린 경로, 그런 것들이 모두 네트워크입니다.

이때 택배 기사들끼리 정보를 더 편하게 공유하고 배송망을 더 효율적으로 분배할 수 있는 네트워크가 존재한다면 어떨까요. 블록체인은 바로 이런 분야에 쓰입니다. 택배 배송과 같은 물류일 수도 있고, 화폐일 수도 있습니다. 한 단계 더 나아가면 네트워크를 기반으로 게임을 구동시킬 수도 있겠죠. 각 플레이어의 행동 정보가 시시각각 표시되고 처리되는 네트워크 말입니다.

블록체인을 어디에, 어떻게 쓸지는 '효율적인 P2P'로 어느 정도 이해됐을 겁니다. 하지만 이 정도만으로는 기존의 P2P와 얼마나 다른지 모호할 수 있습니다. 기존의 P2P를 그냥 써도 되는 것 아닌가 싶을지도 몰라요. '블록체인(Block Chain)'이라는 단어와 전혀 관련이 없어 보일 수도 있습니다. 그래서 이제부터 이야기할 부분이 블록체인의 주요 특징인 '신뢰할 수 있는'입니다.

블록체인에 관심이 있다면 많이 들어봤을 겁니다. 장부, 보안, 해킹, 이런 단어들을 말이죠. 네트워크를 효과적으로 구성하더라도 만약 중간에 거짓 정보를 제공하는 사람이 있다면 효율적인 네트워크로 남지 못할 겁니다. 블록체인 기술의 장점은 분산해서 정보를 저장하는 것은 물론 암호화 기술을 활용한 높은 보안입니다.

이해를 돕기 위해 이런 상상을 해 보세요. 누군가 가짜 영화 파일을 섞어서 공유하는 겁니다. 그러면 어떻게 될까요. 당연히 제대로 된 영화 파일을 공유받을 수 없을 겁니다. 더군다나 기존의

P2P는 이를 검증할 수가 없습니다. 누군가 중앙에서 검증해 주는 사람이 없기 때문입니다. 영화 사이트에서 내려받는다면 해당 사이트가 영화 파일을 매번 검증하고 문제가 없는 파일만 내려받게 할 겁니다. 하지만 P2P에서는 그럴 수가 없습니다. P2P는 개인과 개인의 연결을 모아놓은 네트워크이기에 중앙 관리자가 없으니까요.

블록체인은 이를 해결하기 위해 기록(장부)을 이어 붙이는 개념을 활용합니다. 그리고 그 기록을 구성원 모두가 나눠 갖는(분산) 겁니다. P2P는 개인 사이의 정보 공유이기 때문에 여러 개의 기록이 동시에, 이곳저곳에서 만들어집니다. 그 기록을 다 같이 돌려보고 합의한 뒤에 단 하나의 같은 기록을 나눠 갖는 식입니다.

교실 내 쪽지 망을 한 번 더 떠올려 보세요. 여러분이 무언가를 친구한테 물어보면 친구가 쪽지에 답을 적어 줄 겁니다. 이 쪽지를 반 친구들이 모두 같이 보는 겁니다. 그러고 나서 그 답이 진실인지 친구들이 인정하는 과정을 거칩니다. 진실이라고 인정되면, 친구들은 모두 자기 노트에다가 그 쪽지가 전달된 사실과 내용을 기록합니다. 이게 쪽지 한 개가 전달되는 과정입니다. 이때 거짓말을 하는 친구가 있다고 가정해 보세요. A와 B가 싸웠는데, 거짓말쟁이 친구가 A와 C가 싸웠다고 하는 겁니다. 거짓말쟁이 친구의 답변이 적힌 쪽지는 반 친구 모두에게 공유될 겁니다. 친구들은 이 쪽지를 검증합니다. 전체의 51%가 허락해야 쪽지를 허용하고 노트에 이 사실을 적는 작업이 완료될 수 있습니다. 당연히 거짓말 쪽지는 승인되지 않을 겁니다.

블록체인은 이런 식으로 진행되면서 신뢰를 만듭니다. 승인된 쪽지가 노트에 적힐 때마다 생기는 줄을 '블록'이라고 보면 됩니다. 한 줄 한 줄, 줄줄이 적혀 나갈 겁니다. 마치 체인(사슬)이 연결된 것처럼요. 그래서 블록체인입니다. 이때 눈 밝은 친구라면 이런 의문이 곧바로 들 수 있습니다.

'구성원의 과반수가 나쁜 마음을 먹고 거짓말을 하면 어떡하지?'

물론 비트코인은 이에 대해서도 해결책을 제시했습니다. 검증은 모든 구성원이 참여할 수 있지만, 누구나 할 수는 없습니다. 검증 자격을 가져야 합니다. 즉 누구나 검증 자격을 갖기 위해 도전할 수는 있지만, 자격 시험을 통과한 사람만이 검증할 수 있다는 얘기입니다. 교실 쪽지 망에 비유한다면, 쪽지를 검증해 노트에 적는 친구들은 그 일을 하는 대신 쪽지 이용권을 받습니다. 그런데 쪽지 망에 거짓이 있다는 게 드러나면 열심히 받아놓은 쪽지 이용권이 무용지물이 될 겁니다. 거짓말이 판치는 쪽지 망을 누가 이용하겠어요. 그러니 친구들은 자신의 쪽지 이용권의 가치를 위해서라도 거짓이 없도록 검증할 겁니다.

다시 블록체인을 생각해 보세요. 검증자격시험은 매번 블록이 생겨날 때마다 시행됩니다. 이 과정을 쉽게 말해서 '채굴'이라고 해요. 자동으로 생성된 암호를 푸는 과정입니다. 상당한 컴퓨터 연산 능력을 동원해야 합니다.

비트코인 반감기가 와서 전기가 많이 소요되어 채굴 원가가 엄청나게 올랐다는 뉴스를 여러분도 들어본 적 있을 겁니다. 반감기는 비트코인의 채굴 난이도가 2배로 올라가는 시기를 말합니다. 비트코인은 채굴을 위해 아주 귀찮은 수학 문제를 풀어야 합니다. 아주 성능 좋은 컴퓨터를 써야 합니다. 오랫동안 계산하느라 전기도 많이 씁니다. 이렇게 해서까지 비트코인을 얻으려는 사람들이 거짓 정보를 넣어 비트코인 네트워크의 가격을 무용지물로 만들 가능성은 거의 없겠죠.

그런데도 누군가 나쁜 마음을 먹고 조각을 해킹하려면 어떻게 해야 할까요? 앞서 말했지만, 블록체인은 분산형입니다. 정보를 나눠 가졌습니다. 일단 암호화된 비트코인 조각의 정보를 풀어내야 합니다. 그리고 조각을 가진 구성원 과반수의 조각을 한번에 바꿔치기해서 정식 조각으로 인정받아야 합니다. 채굴기를 돌리는 전체 구성원의 51%를 해킹해야 하는 겁니다. 그러는 사이에도 제대로 된, 다음 순서의 새로운 조각은 만들어지고 있다는 겁니다. 블록체인은 사슬처럼 다음 장부가 이어집니다. 2개가 이어 붙은 장부의 뒷부분에 가짜를 붙였는데, 이미 사람들은 장부 4개짜리를 갖고 있다면 가짜 장부인 게 금방 들통나겠죠. 따라서 해킹하려는 사람은 다음 장부가 연결되기 전까지의 짧은 시간 내에 암호를 풀고, 구성원 과반수의 조각을 바꿔치기해야 하는 겁니다. 비트코인 기준으로는 10분 정도입니다. 현실적으로 불가능한 얘기인 셈입니다.

　이렇게 만들어진 블록체인은 구성원들에게 모두 배포됩니다. 구성원이 10명이라면 10개의 합의된 장부로 나눠집니다. 그리고 이 장부

암호화된 블록은 위조가 불가능하다.

는 모두 구성원들의 검증을 받은 내용입니다. 이를 돌이켜 생각해 보면, 정식으로 기록된 1~10번까지의 장부는 이제 영원히 내용이 수정될 수 없습니다. 앞쪽의 내용을 고치는 중에도 11번부터 이어지는 장부가 새로 붙고 있기 때문입니다. 1~11번까지의 장부가 만들어졌는데, 누군가 1~9, 10-1, 11, 이런 장부를 만든다면 이 장부는 승인되지 않을 테니까요. 이미 합의가 되었다면 이전 장부의 내용은 영원히 남습니다. 여기에서 블록체인의 가장 큰 특징인 '위조 불가능성'이 나옵니다. 이러한 특징이 앞으로 이야기할 금융, 미술, NFT 등 많은 분야를 만드는 기반이 됩니다. 블록체인이 신뢰할 수 있고 네트워크가 효율적으로 가동되는 P2P인 이유입니다.

블록체인으로 할 수 있는 가장 간단한 상상, 비트코인

블록체인이 유명해진 이유인 비트코인에 관해 이야기해 보겠습니다. 비트코인은 다른 코인들, 특히 이더리움 같은 코인과는 구분해서 볼 필요가 있습니다. 앞에서 예로 든 교실 내 쪽지 망은 블록체인 기술로 뭘 하면 좋을지 설명하면서 나온 아이디어입니다. 하지만 비트코인은 다릅니다. 디지털 머니(money)를 만들려고 했고, 그 과정에서 블록체인 기술을 쓰면 좋겠다는 생각에서 탄생했습니다. 그 속에 녹아

있는 기술적, 철학적 고민을 자세히 들여다볼게요.

블록체인 특유의 기술적 장점은 분명합니다. 보상을 주는 P2P이기 때문에 효율적으로 작동할 수 있어서 서로 간의 정보 공유가 간편합니다. 또 나쁜 마음을 먹고 사기를 치려면 전체 검증인의 51%를 속여야만 합니다. 중앙화된 기관 하나를 속이는 것보다 상대적으로 안전합니다. 철학적인 면도 있습니다. 모든 구성원이 네트워크를 가동하는 데 이바지합니다. 중앙화된 기관이 정보를 독식하지 않습니다. 모든 거래 장부가 공유되기 때문에 다 같이 정보를 나눠 갖습니다. 바로 이런 부분이 비트코인이라는 디지털 머니를 만들면서 블록체인 기술을 활용하게 된 이유입니다.

비트코인 개발자로 알려진, '나카모토 사토시'라는 이름을 들어본 적 있나요? 일본식 이름이지만 일본어로 기록을 남긴 적은 단 한 번도 없는 여전히 미스테리인 인물입니다. 그는 블록체인 기술을 연구하다가 비트코인을 고안해 낸 것이 아닙니다. 비트코인의 시작은 그가 남긴 한 편의 논문에서 시작됐는데. 논문 제목은 〈비트코인 : P2P 전자 화폐 시스템〉입니다. 사토시는 논문에서 '대다수의 금융시스템은 신뢰 기반 모델의 태생적 약점을 극복하지 못한다.'고 썼습니다. 현재의 금융시스템에 큰 불만이 있었던 겁니다. 나카모토 사토시

는 놀랍게도 금융시스템이 신뢰를 기반으로 하면 안 된다고 주장합니다. 그가 말하는 '신뢰'는 중앙화된 기관, 즉 우리가 잘 아는 은행에 대한 신뢰입니다. 우리는 은행을 믿고 돈을 맡깁니다. 은행에 대한 믿음이 바로 중앙기관에 대한 신뢰인데, 사토시는 우리가 금융 활동을 하는 데 있어서 은행을 비롯한 중개인이 있다는 것이 탐탁지 않았던 겁니다.

그 이유는, 은행 같은 중개인이 존재함에 따라 거래 비용이 생기기 때문입니다. 우리가 신용카드를 쓰거나 은행에서 송금하면 수수료를 내야 합니다. 거래할 때 발생하는 중개 비용입니다. 한국은 수수료가 저렴한 편이고 금융시스템을 누리기에 큰 어려움이 없는 국가라서 체감하기 어려울 수도 있습니다. ATM에서 돈을 뽑아도 고작 몇백 원 남짓 내면 되니까요. 하지만 경제적인 체제가 충분히 갖춰지지 못한 국가일수록 사정은 전혀 다릅니다. 이유는 단순합니다. 여러분이 ATM에서 돈을 뽑았는데, 알고 보니 가짜 ATM에서 가짜 돈이 나왔다고 상상해 보세요. 동네에 있는 ATM 네 개 중 한 개는 가짜라면요. 여러분은 돈을 뽑을 때마다 진짜 ATM인지 확인하고 또 확인할 겁니다. 그럴 때마다 시간이 소요됩니다. 경찰은 가짜 ATM을 일일이 찾아서 없애야 할 겁니다. 지금보다 더 많은 경찰이 필요해질 거예요. 고작 가짜 ATM을 골라내기 위해서 말입니다. 이렇듯 금융시스템이 잘 작동하려면 신뢰가 무엇보다 중요합니다.

좀 더 큰 틀에서 보면, 정부의 금융시스템도 신뢰가 기본입니다. 모든 정부는 돈을 찍어냅니다. 정부 시스템이 제대로 돌아가지 않고 부패한 정치인들이 득실거리는 국가라면 돈을 마음대로 찍어낼 수도 있고, 국고를 횡령할 수도 있을 겁니다. 여러분이 용돈을 5만 원 받았는데, 다음 날 부패한 정부에서 돈을 왕창 찍어내 돈의 가치가 절반으로 떨어진다면 어떻겠어요. 정말 끔찍할 겁니다. 이런 점들을 해결하기 위해서는 결국 강력한 체계가 필요합니다. 강력한 체계는 큰 유지 비용이 들어갑니다. 금융인들은 그러한 신뢰를 지켜주는 대가로 비교적 많은 돈을 법니다. 은행 등 금융권 종사자의 연봉이 높은 이유도 이런 부분에서 기인합니다.

이렇듯 신뢰를 구축하는 대신 거래 비용이 발생하고, 비용은 여러 가지 이유로 증가합니다. 경찰이 늘어나는 만큼 세금도 늘어날 겁니다. 은행이 진짜 ATM이라는 걸 여러분에게 인증하기 위해 어떤 특수 장비를 설치할 수도 있을 거예요. 그 비용도 수수료에 포함될 겁니다. 몇백 원 수준이던 수수료가 몇천 원이 될 수 있는 겁니다. 다시 말해 일반 시민들이 금융시스템을 이용하기 위해서 내야 할 돈이 늘어나는 겁니다. '신뢰'를 이용하는 비용이 너무 크다는 얘기입니다.

사토시가 지적한 또 다른 측면은, 그렇게 큰돈을 들여 구축한 금융시스템조차도 완전히 믿을 수 없다는 겁니다. 비트코인은 2009년에 처음 발행되었습니다. 세계금융위기로 전 세계가 요동쳤던 2007~2008년 직후입니다. 당시의 경제위기는 미국의 금융시장 불안에서 비롯되었습니다. 우리가 신뢰하고, 막대한 비용을 냈고, 그 신뢰를 기반으로 엄청난 연봉을 받는 금융사들로부터 위기가 시작된 것입니다. 금융사들이 중개하지 않는, '중앙화된' 신뢰가 없는 금융을 고안하게 된 배경입니다.

사토시가 보기에, 중앙화된 금융기관이 없는 거래를 구현하려면 몇 가지 넘어야 할 산이 있었습니다. 먼저, 누군가 중개 과정에서 사기를 칠 위험이 있습니다. P2P는 개인과 개인 간 거래입니다. 여기에서는 이중 지불 문제가 발생할 수 있습니다.

쉽게 설명하기 위해 예를 들어보겠습니다. 중고나라나 당근마켓 같은 중고거래 플랫폼을 사용해 보신 적 있을 겁니다. 그런 데서 가장 많이 발생하는 사기는 물건이 없는데 물건을 파는 겁니다. 예컨대 판매자 A가 B에게 이미 플레이스테이션5(플스5)를 판매했습니다. A는 문득 나쁜 생각이 들었습니다. 이미 팔았던 플스5 사진을 활용하여 '돈이 필요해서 급하게 처분합니다. 단돈 10만 원에 팝니다.'라고 다시 판매 글을 올립니다. 여러분이라면 어떻겠어요. 플스5가 단돈 10만 원이라니, 아마 여러분은 운이 좋다고 생각하며 냉큼 사고 싶어질 겁니다. 여러분은 A에게 돈을 입금합니다. 당연히 플스5는 받지 못합니다. 사기를 당한 겁니다. 바로 이런 경우가 이중 지불 문제입니다.

블록체인은 이런 점을 해결합니다. 블록체인의 신뢰에 대해 앞에서 설명한 내용 그대로입니다. 거래 내역을 서로 이어 붙여서 남겨둔 덕입니다. 블록체인을 활용했다면 C는 남아있는 장부를 보고 A가 이미 B와 거래했다는 사실을 알 수 있습니다. 이러면 이중 지불 문제가 생기지 않습니다. 검증 자격을 주는 과정을 토대로 전체 장부가 왜곡될 위험이 없다는 점도 블록체인을 통해 비트코인을 만든 이유입니다.

블록체인 개념을 설명했으니, 비트코인의 가치에 관한 이야기도 하겠습니다. 비트코인을 지지하는 사람들은 아주 원론적인 질문을 받을 때가 많습니다. 비트코인의 가치는 어디에서 오느냐는 겁니다. 데이터 쪼가리가 무슨 가치를 가지냐는 질문들이죠.

저도 그런 질문을 자주 받습니다. 그럴 때면 저는 다시 질문을 던집니다. 비트코인과 비교되는 대상이 바로 '금'입니다. 저는 보통 금을 왜 사느냐고 질문합니다. 금의 가치는 어디에서 오느냐고 되묻습니다.

여러분은 어떻게 생각하시나요? 들려오는 대답은 보통 비슷합니다. "금은 희소성에서 가치가 나온다."라고 합니다. 또한 화학적으로

비트코인

좋은 내구성을 갖추고 있고, 전기전도가 좋으며, 쉽게 쪼개거나 붙일 수 있고, 장기간 가치가 변하지 않는데다가 감별이 쉽기에 화폐로도 쓰인다고도 말합니다.

그렇다면 저는 비트코인도 그렇다고 답합니다. 희소성과 내구성을 갖추고 있고, 쉽게 쪼개거나 붙일 수 있으면서, 이미 비트코인이 나온 이래 지금까지 가치는 쭉 우상향하고 있습니다. 정품 감별도 물론 쉽습니다. 블록체인으로 정품이 증명되니까요.

그러면 또 이런 질문을 받게 됩니다. 금은 실물이 있는데 비트코인은 그렇지 않은 거 아니냐고요. 저는 되묻습니다. 실물이 가지는 가치는 무엇이냐고 묻습니다. 월급 받을 때 아직도 실물로 받는 사람은 없습니다. 통장 잔고에 표시된 숫자만 달라집니다. 여러분도 용돈을 받거나 해서 통장에 넣어두고 체크카드를 쓴다고 생각해 보세요. 여러분의 돈은 정말 실물이 있던가요?

금이든, 월급이든, 원화든, 달러든, 결국 그 가치를 '믿는' 사람들이 있기에 가치는 생명력을 가집니다. 예컨대 북한의 화폐를 떠올려 보세요. 많은 사람이 북한이라는 나라를 신뢰하지 못하기 때문에 북한 돈은 의미가 없지만, 적어도 북한 내에서 북한 사람들이 믿고 사용할 정도는 됩니다. 그렇기에 교환 가치가 생기는 겁니다.

비트코인도 그렇습니다. 여러분이 못 믿는다고 해도 이미 수억 명이 가치를 믿습니다. 시가총액도 무려 1500조 원이 넘습니다. 그 안에서 가치의 교환이 일어나고 경제가 돌아갑니다. 그러니 누군가 "비트코인은 가치가 없다."라고 말하는 건 공허한 얘기일 뿐입니다. 황금을 앞에 두고 황금 보기를 돌같이 하라는 것과 같습니다.

프로그래밍 가능한 블록체인, 이더리움

비트코인과 비트코인 이외의 코인은 조금 다르다고 앞에서 말했습니다. 이제부터는 그 얘기의 핵심이 되는 코인을 소개할 차례입니다. 생각해 보면 비트코인은 매우 간단한 형태였습니다. 비트코인을 구현하기 위한 원리는 어려웠지만 구현하고자 하는 내용 자체는 단순합니다. 누구에게 돈이 얼마나 전송됐는지만 남기면 되기 때문입니다.

금융의 역사를 생각해 보면 이는 아주 당연한 원리이긴 합니다. 금융은 말 그대로 '돈을 빌린다.'는 뜻입니다. 누구에게 재산을 빌리고 또한 빌려주면서 생겨났습니다. 과거의 오래된 유물에서 볼 수 있듯 우리의 선조들도 누군가에게 쌀을 얼마씩 빌려주고 돌려받으면서 기록을 남겼습니다. 그런 기록이 종이에 남으면 차용증이 됩니다. 바로 이 차용증이 지폐의 기원입니다. 국가가 보증해 준 차용증이 지폐인 셈입니다. 그러니 비트코인은 비트코인을 사용하는 커뮤니티가 보증하는 지폐인 셈인 거죠. 이 글의 서두에서 블록체인을 신뢰할 수 있고 네트워크가 효율적으로 가동되는 P2P라고 설명했는데, 비트코인은 바로 그 신뢰할 수 있다는 점에 집중한 겁니다.

그렇다면 화폐 다음은 뭐가 될까요? 요즘 친구들은 프로그래밍을 많이 배우니까 프로그래밍으로 예를 들겠습니다. 프로그래밍의 초기 단계에서는 입력값을 넣었을 때 출력값이 나오게 합니다. 비트코인처럼 누군가에게 무엇을 줬다는 1차원적인 내용인 겁니다. 버튼을 누르면 결과가 나오는 그런 겁니다. 거기서 한 단계 더 나아가면 조건을 달게 됩니다. 단순히 버튼을 누르는 게 아니라, 버튼을 10번 누르면 답이 나오게 하거나 버튼을 느리게 누르면 결과가 나오게 하는 식입니다. 여기서부터 진짜 프로그래밍이라는 분야가 시작되는 거죠.

이더리움은 블록체인에서 바로 그런 존재입니다. 이더리움은 프로그래밍 가능한 블록체인입니다. 비트코인을 비롯한 기존의 코인들은 화폐로서의 기능에 집중했지만, 이더리움은 다릅니다. 서면으로만 이루어지던 계약을 프로그래밍으로 구현하고 특정 조건이 충족되었을 때 해당 계약이 이행되도록 합니다. 이를 '스마트 콘트랙트'라고 합니다. 이번에도 교실 쪽지 망으로 설명해 보겠습니다. 그 쪽지에 여러분이 누군가에게 돈을 빌려줬다는 걸 기록하는 겁니다. 이런 식으로요.

'나는 A의 샤프펜슬을 담보로 A에게 5천 원을 빌려줬다. A가 일주일 뒤까지 5천 원을 갚지 못하면 샤프는 내가 갖는다. 이는 나와 A가 합의한 내용이다.'

이 내용은 검증인 친구들의 검증으로 쪽지 망에 기록됩니다. 만약 쪽지 망이 없다면 이런 계약은 담임선생님 같은 믿을만한 사람이 있어야 거래가 안전했을 겁니다. 친구가 돈도 안 갚으면서 샤프만 돌려달라고 할 수도 있으니까요. 하지만 쪽지 망을 이용하면 반 친구들 모두가 증인이 됩니다. 거래를 거짓으로 만들려면 검증인 친구들의 노트를 전부 빼앗아야 하는데, 이는 쉽지 않습니다. 선생님 없이 안전하게 거래하는 방법인 셈입니다.

이렇듯 스마트 콘트랙트를 활용하면 두 당사자가 서로를 모르거나 신뢰하지 않더라도 계약을 체결할 수 있습니다. 왜냐면 특정 조건이 충족되지 않으면 해당 계약은 실행되지 않기 때문입니다. 그래서 중개인 없이도 계약을 이행할 수 있다는 것이 스마트 콘트랙트의 특징이자 핵심입니다.

맨 처음 얘기했던 P2P로 다시 돌아가 보겠습니다. 신뢰할 수 있고 네트워크가 효율적으로 가동되는 P2P. 이더리움을 만든 '비탈릭 부테린'은 바로 거기에서 '네트워크'로서의 가능성에 집중한 겁니다. 비트코인이 돈을 만들기 위해 네트워크를 활용했다면, 이더리움은 네트워크에 '가능성'을 붙여준 겁니다. 한 단계 더 나아가서 본다면, 이더리움이라는 블록체인 네트워크를 사용하는 다양한 프로그램을 만들 수 있다는 얘기가 됩니다. 대출 계약 앱이 될 수도 있고, 부동산 거래 앱이 될 수도 있을 겁니다. 부테린은 블록체인을 하나의 네트워크로 보고, 그 네트워크를 송금 망으로 한정해서 활용한 비트코인을 넘어 다양하게 활용될 수 있도록 이더리움을 설계한 겁니다.

여기서 잠깐, '토큰'과 '토큰 기반 네트워크'를 구분해서 이해할 필요가 있습니다. 비트코인 네트워크를 사용하는 토큰은 비트코인(BTC), 이더리움 네트워크를 사용하는 토큰은 이더리움(ETH)으로 말이죠. 좀 더 간결한 예시를 들어보겠습니다. 여러분이 게임기에 동전을 넣고 게임을 하면, 게임기를 운영하는 사람은 그 대가로 동전을 받습니다. 비트코인 네트워크라는 게임기에 여러분이 BTC라는 동전을 넣고 송금하면, 네트워크를 운영하는 검증인들은 대가로 BTC를 받습니다. 이더리움도 마찬가지입니다. 이더리움 네트워크라는 게임기를 쓰는 대가로 ETH를 지불하는 겁니다. 여러분이 한국 돈인 원화를 넣고 송금 서비스뿐 아니라 게임도 하고 돈도 빌리고 음식도 사먹듯이, 여러 서비스를 제공하는 이더리움 네트워크를 사용하는 세상에서의 화폐가 ETH인 겁니다. 이때 이더리움 네트워크의 가치가 높아질수록 네트워크를 쓸 수 있는 코인인 ETH는 가치가 높아집니다. 한국 경제가 튼튼해질수록 우리나라 돈 '원화'의 가치가 높아지는 것과 마찬가지입니다.

이더리움의 등장은, 블록체인을 단순히 화폐로만 사용한 비트코인에 비해 한 단계 다른 차원이 열렸다는 것을 의미합니다. 그게 이더리움이 가져온 2세대 블록체인입니다. 현재까지의 모든 블록체인은 이더리움이 가져온 2세대의 연장선입니다. 이더리움 같은, 스마트 콘트랙트가 가능한 블록체인 네트워크에서 돌아가는 앱을 '디앱'이라고 합니다. 탈중앙화된 블록체인 위에서 구동되기 때문에 탈중앙화 앱(Decentralized App)이라는 뜻입니다.

이더리움이 네트워크에 집중하고 있다는 것은 이더리움2.0을 보면 더욱 명확해집니다. 부테린은 2022년 8월 6일 비공개 기자간담회에서 "지금 코인 가격은 실생활에서의 유용성과 상관없이 앞으로 코인이 뛰어난 성능을 보여줄 것이라는 믿음에 기반을 두고 있지만, 10년 뒤에는 실체가 있는 유용성에 기반해야 할 것."이라고 했습니다. 즉, 쓸모있는 코인이 되어야 한다는 뜻이지요.

부테린은 왜 그렇게 말했을까요? 그 까닭은 블록체인이 아직은 별로 쓸모가 없기 때문입니다. 이더리움 이후 많은 코인이 블록체인의 '네트워크'를 활용하고자 이런저런 시도를 거듭했습니다만, 잘 되지 않았습니다.

이유는 아주 단순합니다. 너무 느리고 불편하기 때문입니다. 앞에서 얘기한 교실 내 쪽지 망을 떠올리면 분명해집니다. 검증하는 친구들이 모든 쪽지 내용을 다 기록해야 합니다. 바로 옆 친구한테 쪽지를 주는데도 친구들이 모여 쪽지 내용을 나눠 적고 검증해야만 하는 겁니다. 담임선생님이 가운데서 네이버나 카카오, 또는 은행처럼 모든 쪽지 내용을 검증해 주고 전달해 준다고 생각해보세요. 훨씬 빠를 겁니다. 이처럼 블록체인은 신뢰를 만드는 과정 때문에 속도가 느려질 수밖에 없습니다.

그래서 이더리움은 업그레이드를 통해 많은 것을 바꿔 나가고 있습니다. 채굴 과정이 없어진 점이 가장 큰 변화입니다. 채굴을 거쳐 블록 검증작업을 할 수 있는 자격을 더 이상 증명하지 않습니다. 이더리움을 많이 가진 사람이 자격을 얻습니다. 그 대신 이더리움을 일정 기간 팔지 못하고 네트워크에 담보로 묶어놔야 합니다. 보다 효율적이고 빠른 네트워크를 구성하고자 하는 이더리움의 도전입니다.

비트코인처럼 채굴을 통해서 블록 검증작업을 할 수 있는 자격을 증명하는 걸 '작업증명(Proof-of-Work: PoW)'이라고 합니다. 이더리움은 가지고 있는 지분을 통해서 검증 자격을 증명하기 때문에 '지분증명(Proof-of Stake: PoS)'이라고 합니다.

chapter.2

NFT의 탄생

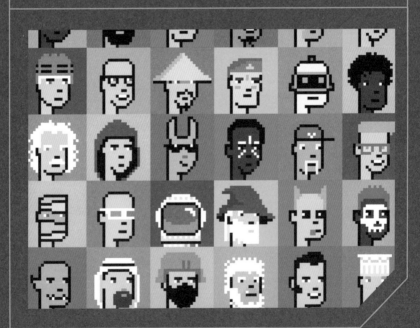

그림의 소유

대체불가토큰(NFT)이라는 단어가 이제는 상당히 익숙해졌습니다. 지구촌 사람들이 코로나19로 집 안에만 있을 때, 블록체인 시장에서는 NFT가 나와서 사람들을 사로잡았습니다. 특히 2021년은 NFT의 해였습니다. 2021년에 가장 비싸게 팔린 NFT는 작품가가 780억 원에 달했습니다. 2021년 3월 글로벌 경매사인 크리스티의 뉴욕 경매에서 팔린, 디지털 아트 작가 마이크 윈켈만의 작품 '에브리데이즈 : 첫 5000일'이 그 주인공입니다. 로이터 통신은 2021년 NFT 판매액이 2020년보다 무려 262배 불어난 249억 달러, 약 29조 7729억 원을 기록했다고 보도했습니다.

도대체 NFT가 무엇이기에 이런 인기를 끌었던 걸까요? 이번에도 결론부터 얘기하겠습니다. NFT는 '특정 블록체인에서 발행된 디지털 정품 인증서'입니다. NFT의 역사를 거슬러 올라가면 무슨 의미인지 잘 이해될 겁니다.

NFT의 시작이라고 하면 보통 '크립토펑크'라는 프로젝트를 꼽습니다. 코인 투자자들의 트위터 프로필 사진을 보면 도트 형태의 단순한 그림들이 있습니다. 그것들이 바로 크립토펑크입니다. 제가 왜 크립

마이크 윈켈만, '에브리데이즈 : 첫 5000일'

토펑크를 '프로젝트'라고 했는지 기억해야 합니다. 몇몇 언론에서 말하듯 NFT는 그림이라든가 작품 그 자체를 뜻하는 것이 아닙니다.

이 프로젝트는 2017년 캐나다의 프로그래머 '맷 홀'과 '존 왓킨슨'이 만들었습니다. 그들은 재미있는 생각을 했습니다. 그 생각이 무엇인지 이해를 돕기 위해 몇 번이고 활용했던 교실 쪽지 망을 또 가져와 보겠습니다. B가 핸드폰으로 사진을 찍습니다. 그런데 그 사진을 팔고 싶다면 어떻게 해야 할까요. 일단 사진을 인쇄해서 파는 건 의미가 없습니다. B는 사진을 몇 장이고 인쇄할 수 있으니까요. 인쇄된 사진을 사는 건 진짜 사진을 사는 것과 다릅니다. 그럼 사진 파일을 넘기면 될까요? 그것도 마찬가지입니다. B가 사진을 복사해서 어디에 보관해 뒀을 수도 있기에 친구들은 여전히 믿지 못할 겁니다. 그래서 쪽지 망을 활용하는 겁니다. 이런 식으로요.

'B가 2024년 3월 5일에 찍어서 보유하고 있는 나무 사진의 소유권을 친구 A에게 양도한다.'

이 기록을 쪽지 망 검증인들이 노트에 적습니다. 이 과정을 거치면 적어도 교실 내에서는 사진의 소유자가 A임을 모두 알고 있습니다. 이제 B는 교실 내 다른 친구한테 똑같은 사진을 다시 복사해서 팔 수는 없습니다. A가 쪽지를 정품 인증서로 활용하여 소유권을 주장하면 B는 사기꾼으로 치부될 겁니다.

한편 A도 한 가지 재미있는 문제에 봉착합니다. 사진의 주인은 본인인데, B의 핸드폰을 통해서만 정품 사진을 볼 수 있습니다. A가 자신의 핸드폰에 사진을 가져가 정품처럼 활용하려면 본인의 핸드폰에 사진을 복사해 놓고, B의 핸드폰에서 사진을 지워야 합니다. 그리고 이 사실을 또다시 쪽지 망에 남겨야겠죠.

'A의 핸드폰에 있는, B가 2024년 3월 5일에 찍은 나무 사진은 유일한 정품이다.'

이게 바로 NFT의 원리입니다. 네트워크가 신뢰를 담보해 주는 겁니다.

그런데 크립토펑크는 초기 단계의 NFT여서 현재의 NFT와는 기술적으로 조금 달랐습니다. 기존의 이더리움은 누구에게 얼마를 줬느냐만 기록했거든요. 예컨대 교실 쪽지 망에서의 쪽지들이 모두 같은 모양 같은 색깔로 만들어졌다고 가정하겠습니다. 여러분이 쪽지 하나를 쓸 때는 쪽지 이용권과 마찬가지인 쪽지를 지불해야 합니다. 이때 검증하는 친구들이 그 쪽지를 이용료로 받습니다. 여러분의 주머

크립토펑크

니에서 랜덤으로 쪽지를 가져가는 식으로요. 그러니 자칫하면 친구의 정품 인증서가 지불될 수도 있는 겁니다. 동전으로 바꿔서 생각해 봐도 마찬가지입니다. 새로 찍어낸 아주 깨끗한 동전을 생각해 보세요. 이 동전들을 우리가 따로따로 구분할 수 있을까요? 1번 동전, 2번 동전 이렇게요. 이 동전들을 섞었다가 다시 내보이면 아마 구분하기 쉽지 않을 겁니다. 그리고 사실 구분할 필요도 없습니다. 모두 같은 쓸모를 갖는, 똑같은 동전이니까요.

그래서 크립토펑크는 '한정판' 쪽지를 발행하는 방법을 택했습니다. 예를 들어 10개의 사진을 팔기 위해 빨간색 쪽지를 딱 10개만 발행해서 10명에게 나눠주는 겁니다. 그러면 검증인 친구들의 노트에 1번부터 10번까지 번호가 남겠죠. 1번으로 나눠준 쪽지는 1번 사진의 주인이라는 증거가 됩니다. 크립토펑크는 이런 식으로 10000개의 그림을 팔았습니다.

사진을 팔려는 친구들이 늘어나면 팔 때마다 쪽지 망에 별도의 쪽지를 추가해야 합니다. 그러면 너무 정신없을 겁니다. 그래서 이더리움은 새로운 약속인 'ERC-721'을 만들었습니다. 누가 어떤 토큰을 가졌는지 보여주자는 약속입니다. 예컨대 쪽지 왼쪽 아래에 이름을 새길 수 있도록 하는 겁니다. 이러면 그 쪽지는 기존의 깨끗한 쪽지와 구분됩니다. 각각의 쪽지가 모두 다른 쪽지가 되는 겁니다.

ERC-721로 찍어낸 토큰에는 해당 토큰(보증서)이 보증하는, 그림이나 사진 등이 위치한 온라인 주소를 적어넣습니다. 앞에서 얘기한 NFT의 원리처럼 그림 계약 내용을 적어넣고, 그림 파일이 있는 핸드폰 주인의 이름을 적는 것과 같습니다. 그러면 해당 핸드폰에 있는 사진의 정품 증표가 바로 그 쪽지인 셈입니다.

하지만 주의할 점이 여전히 하나 있습니다. A의 사진 원본은 항상 핸드폰에 묶여 있습니다. 만약 핸드폰이 분실된다면, 그래서 영원히 찾을 수 없다면 어떻게 될까요. 증서는 있는데 사진은 없는 상황이라면 말입니다. 물론 쪽지에는 사진에 대한 정보가 있습니다. 쪽지를 다시 열어보면, 'A의 핸드폰에 있는, B가 2024년 3월 5일에 찍은 나무 사진은 유일한 정품이다.'라고 되어 있습니다. 그럼에도 이 내용을 증명해 줄 핸드폰이 사라지고 없다면 이제 사진은 아무런 가치가 없습니다. NFT도 비슷합니다. 그림은 외부에 저장됩니다. 보통 NFT를 발행한 사이트에 저장합니다. 따라서 그림을 올려둔 사이트가 망해서 사라지면 NFT도 의미가 없어집니다.

NFT를 직접 만들어서 판매해 보면 이해가 쉬울 겁니다. 인스타그램에 사진을 올리는 것처럼 아주 간단합니다. 만드는 데 돈이 많이 드는 것도 아닙니다. 한국에서 NFT를 만들기 위해서는 몇 가지 필수

요소가 있습니다. 코인 거래소 계정, 개인 가상화폐 지갑, NFT 제작 사이트 계정, NFT 거래소 계정 등입니다.

　이들이 필요한 이유를 살펴보면 블록체인에 대한 이해가 깊어집니다. 먼저 한국에서는 법정화폐인 원화를 코인으로 바꿀 수 있는 합법적 경로는 가상자산거래소를 활용하는 방법밖에 없습니다. 업비트나 빗썸 같은 거래소에 가입해서 현금을 입금하고 코인을 사야 합니다. 두 번째는 개인 가상화폐 지갑입니다. 가상화폐 지갑은 코인 세계에서 본인을 증명하는 역할을 합니다. 블록체인의 세계에서는 개인정보가 필요 없습니다. 기존의 금융거래에 개인정보가 필요한 이유는, 앞서 말했듯 모든 정보를 중앙화된 시스템이 손에 쥐고 검증하는 구조이기 때문입니다. 블록체인은 구성원 모두가 거래 그 자체를 검증하는 구조이므로 개인정보가 필요 없습니다. 대신 본인의 코인을 주고받는 지갑이 본인임을 증명합니다. NFT 거래 사이트도 모두 이 지갑 정보를 통해서 가입하는 식입니다.

　이제 NFT를 발행합니다. NFT를 발행하기 위해서는 코인이 필요합니다. 이더리움 NFT의 경우, 이더리움 블록에 내 그림이 무엇인지 기록을 남겨야 합니다. 그리고 새롭게 만든 블록을 기존의 이더리움 장부에 이어야겠죠. 그러면 다른 구성원들이 블록을 검증해 줄 겁니다. 검증을 요청하려면 비용을 내야 합니다. 그 비용을 내기 위해 코인이 필요합니다. 이렇게 내 그림의 정보를 기록하고 이 정보가 남아 있는 증표인 NFT를 받는 과정을 '민팅'이라고 합니다. 민팅은 동전을 주조한다는 뜻입니다. 내 그림의 정품 보증서를 담은 토큰을 만드는 과정인 겁니다.

NFT를 지원하는 코인은 정말 많습니다. 대표적으로는 이더리움, 솔라나, 클레이튼 등이 있습니다. 가장 쉬운 이더리움으로 NFT를 만드는 방법을 간단히 소개해 보겠습니다. 이더리움의 대표적인 지갑인 메타마스크(MetaMask) 앱을 구글 크롬 브라우저에 설치하고 가입해야 합니다. 메타마스크 지갑에는 고유의 지갑 주소가 있습니다. 알파벳과 숫자로 이루어진 지갑 주소가 길게 나옵니다. 가상자산거래소에서 이더리움을 구매해 이 주소로 보내야 합니다. 스마트폰에 설치하여 쉽게 사용할 수 있는 '코인베이스 월렛'도 있습니다.

NFT 민팅은 어렵지 않습니다. 세계 최대의 NFT 제작, 판매 플랫폼인 오픈시에서 가능합니다. 앞서 만든 지갑을 활용해 오픈시에 로그인한 뒤 나만의 사진이나 음성, 동영상 파일 등을 넣고 제목과 설명을 첨부하여 NFT를 생성하면 끝입니다. 이 NFT를 팔고 싶다면 오픈시에서 경매에 등록하면 됩니다. 5만 원이든, 100만 원이든, 본인이 원하는 가격으로 경매에 부치면 됩니다. 물론 이게 팔린다는 보장은 없지만요.

여기서 재미있는 점이 또 하나 있습니다. 여러분이 찍은 사진을 메타디움에도 올리고 이더리움에도 올리면 어떻게 될까요. 정답은 '아무 문제 없다.'입니다. 여러분이 쪽지 망을 통해 사진을 팔았다고 생각해 보세요. 그 쪽지 망은 여러분의 반에서만 의미가 있습니다. 옆 반에 가서 옆 반 쪽지 망을 통해 또 사진을 팔더라도 두 반 사이에 쪽지 망을 공유하지 않기 때문에 문제 될 일이 없습니다. 두 번 판매가 가능한 거죠. 물론 들키면 도덕적인 이유로 양쪽에서 비난받을 겁니다. 하지만 기술적으로는 문제가 아닌 겁니다. NFT가 '특정 블록체인에서' 발행된 디지털 정품 인증서라고 한 이유입니다.

가치의 소유

NFT에 대한 기술적인 이해는 이제 마쳤습니다. 지금부터는 이 기술이 가진 폭넓은 의미에 대해 이해해 볼 차례입니다.

NFT는 단순히 그림을 온라인에서 판매하기 위해 생겨난 것이 아닙니다. 예술경영지원센터의 '2021년 한국 미술시장 결산'에 따르면, 한국의 미술시장 규모는 경매시장 3280억 원, 화랑 4400억 원, 아트페어 1543억 원 등을 더해 약 9223억 원 규모입니다. 2021년 한국의 명목 국내총생산(GDP) 규모가 2057조 원이라는 걸 고려하면 GDP 대비 0.04% 수준인 셈입니다. 전자제품 등을 포함한 한국의 전체 시장

규모로 보면 미술시장은 무척이나 작습니다. 실물 그림 시장도 이 정도인데, 이걸 NFT로 만들어서 판다고 얼마나 더 커질 수 있을까요.

바로 이 점 때문에 NFT 시장이 단순한 그림 시장이 아닌 색다른 형태로 나타나게 합니다. 시장 규모를 키우고 돈을 벌기 위해서는 그림을 팔아서는 안 된다는 겁니다. 그럼 어떤 시장을 기대할 수 있을까요. NFT가 정품 인증서라는 대목으로 다시 돌아가 보겠습니다.

앞에서 저는 NFT가 정품을 증명할 수 있다고 했습니다. 하지만 엄밀히 말하자면 조금 다릅니다. 정품이 증명되는 게 아니라 누가 언제 만든 데이터 조각인지 보여주는 겁니다. 모나리자 같은 명화의 NFT가 만들어졌다고 한번 가정해 보세요. 당연히 그 NFT의 복제품도 NFT로 만들 수 있을 겁니다. 실용적 가치나 예술적 가치도 전혀 차이가 없습니다. 원본 모나리자는 레오나르도 다 빈치가 1500년대에 직접 그린 작품이기 때문에 의미가 큰 겁니다. 하지만 NFT는 누가, 언제 만들었는지는 구분됩니다. 진품 NFT는 누가 확인해 줄까요. 바로 원작자입니다. 언제 어디서 이 NFT를 만들었다고 원작자가 얘기해 주면 증명됩니다. NFT가 정품을 증명하고 위조를 방지하는 게 아니라, 각 그림에 훼손 불가능한 기록을 남겨서 구분할 수 있는 데이터 조각을 만들어 주는 겁니다. NFT의 진가는 바로 여기에서 옵니다. 단순히 그림의 진품 보증서가 아니라 '구분할 수 있는 데이터 조각'이라는 점을 활용해야 한다는 겁니다. 블록체인을 보는 시각을 달리해서 비트코인과는 다른 이더리움이 나왔듯이 말이죠.

NFT가 떠오른 시점에 메타버스도 함께였다는 사실에 주목해 봅시다. NFT와 메타버스의 시장성을 이해하기 위한 재미난 예시를 하나 들어보겠습니다. 여러분이 좋아하는 온라인 게임인 '로스트아크'나 '메이플스토리'를 떠올려 보세요. 게임에서는 게임머니가 존재합니다. 고수가 되면 좋은 아이템이 필요합니다. 다른 게임 플레이어에게서 직접 구매해야 합니다. 게임머니로 구매할 수도 있고 물물교환을 할 수도 있습니다. 완전히 시장의 원리에 따라 거래가 이뤄집니다.

이렇게 물물거래가 시작되면 게임 내에 경제체계가 생깁니다. 게임이 인기를 끌고 사용자가 많아질수록 경제체계는 커집니다. 때로는 게임 속 아이템을 실제 돈을 주고 팔기도 합니다. 현금을 주고 게임에서 아이템을 대신 받는 식입니다. 그러면 게임 속의 경제체계가 실물 경제와 함께 돌아가기 시작합니다. 옛날에 유행했던 리니지와 같은 게임은 특정 아이템이 현실의 집값만큼 커져 집을 팔아야 살 수 있다는 의미에서 '집(을) 판 검'으로 불리기도 했습니다.

이런 상황에서 아이템 복사 버그가 발생하면 어떻게 될까요. 여러분이 열심히 얻어낸 아이템을 누군가 마구 복사하는 겁니다. 그러면 게임 내 경제체계는 엉망이 되겠죠. 운영진이 잘 막으면 된다고요? 디지털이라는 세계는 기본적으로 복사가 쉽습니다. 운영진이 관리를 아무리 잘해도 복사 버그가 발생할 가능성은 언제든 존재합니다. 심지어 운영진들이 이벤트라는 이유로 아이템을 나눠주거나 할 때도 많습니다. 여러분은 잘못한 것도 없는데 소중한 아이템의 가격이 하락할 수 있는 거죠.

이걸 방지할 수 있게 해 준 것이 바로 블록체인입니다. 아이템의 고유성을 증명해 줄 수 있는 게 바로 NFT입니다. NFT로 만든 아이템도 물론 복사해서 똑같은 아이템을 만들 수는 있습니다. 하지만 진본 아이템과 복제 아이템이 구별됩니다. 구별된다면 게임사에서 가짜 아이템은 제거할 수 있습니다. 고급 아이템을 제작사가 1번부터 100번까지 딱 100개만 만들었다고 하면, 복사해서 생겨난 101번째부터는 가짜라는 게 구분되는 겁니다. 운영진들은 추후 가짜 아이템만 골라내 제거하면 되는 겁니다. 이러면 비로소 게임 내 경제체계가 신뢰를 기반으로 단단하게 구축될 가능성이 커집니다.

NFT의 진가가 이런 데서 나타나기 때문에 최근 유행하는 NFT 프로젝트들은 모두 게임을 사업 모델로 들고나옵니다. 가장 흔한 사업 모델은 이런 식입니다.

'앞으로 대단히 재밌는 게임을 만들 거야. 그리고 이 게임 안에서는 당연히 게임 캐릭터가 존재해. 아이템도 존재하지. 그런데 초기 캐릭터는 지금만 살 수 있어. 한정판이거든.'

NFT로 게임 아이템의 고유성을 만들 수 있기 때문입니다. 나중에 게임이 유명해지면 이 아이템과 캐릭터의 가격도 천정부지로 올라갈 테니 초기에 투자해 NFT를 얻으라는 얘기인 거죠.

이게 말이 되냐고요? 당연히 말이 됩니다. 우리가 잘 아는 포켓몬스터를 생각해 보세요. 여러분 중 누군가가 포켓몬스터가 나오기 전에 피카츄에 대한 권리를 얻었다면, 포켓몬스터가 지금처럼 유명해져서 피카츄에 대한 권리가 당신에게 있다면 여러분은 지금 엄청나게 큰돈을 벌지 않을까요?

기존의 게임에서는 이런 권리를 보장하기 어려웠습니다. 언제든 해킹당할 수 있고 언제든 비슷한 캐릭터를 만들 수도 있었습니다. 게다가 게임이 유명해지더라도 10년쯤 운영하다 보면 인기가 떨어져서 서비스가 종료될 수도 있겠지요. 이러면 여러분이 가진, 가치 있는 아이템도 사라질 겁니다. 하지만 블록체인이 있다면 그렇지 않습니다. 영원히 블록 위에 남아있게 됩니다. 이 또한 '앞으로 가치가 커져 나갈' 콘텐츠를 앞세운 NFT 프로젝트들이 나오고 있는 이유입니다.

콘텐츠 기반 NFT 전성시대

한국에서 가장 널리 알려진 NFT 프로젝트의 사례는 '메타콩즈'입니다. 프로그래밍으로 무작위 생성된 3D 고릴라 일러스트를 NFT화한 프로젝트인데, 천재 해커로 유명한 이두희 '멋쟁이사자처럼' 대표가 참여하며 입소문이 났습니다. 지난 2021년 12월, 메타콩즈는 NFT 1만 개를 개당 150클레이(klay, 암호화폐 단위), 한화로 약 30만 원에 판매했습니다. 메타콩즈는 약 3개월 만에 바닥가(모든 NFT 중 가장 저렴한 NFT의 가격)인 1만6500클레이를 기록했습니다. 최초 구입에 성공한 이가 아직 팔지 않았다면 최소 100배가 넘는 이익을 거둔 셈입니다. 2024년에 이르러 경영진의 비위 의혹과 경영진끼리의 다툼으로 몰락했다는 평가를 받습니다만, 당시로서는 크게 성공한 셈입니다.

메타콩즈는 그렇게 됐지만 그들의 성공 방식은 여전히 NFT 시장에서 벤치마킹됩니다. 인기 비결은 스토리, 그리고 경제적 모델입니다. 메타콩즈의 메인 줄거리는 이렇습니다. 서커스장의 고릴라들이 케이지 속의 일상에 지루함을 느낍니다. 이때 고릴라들 앞에 포스터 한 장이 날아옵니다. 그 포스터에는 고릴라들의 천국이 그려져 있었는데, 어느 날 서커스장 맨홀 뚜껑에서 빛이 뿜어져 나왔습니다. 맨홀을 열어보니 그 아래엔 실험실이 있었죠. 고글을 쓴 고릴라가 커다란 엔진을 조립하고 있었습니다. 서커스장의 고릴라들은 그날부터 도

시 아래 하수구 속으로 엔진의 부품을 찾아 떠납니다.

흥미롭지만 여기서 끝나 버리면 비싼 고릴라 그림을 가져야 할 필요성까진 느껴지지 않을 겁니다. 메타콩즈는 여기에 게임 요소를 더합니다. 고릴라 NFT를 가지게 되면 자체 코인을 채굴한 뒤 그것을 사용하여 새로운 아이템 NFT를 얻을 수 있습니다. 그리고 이런 과정을 통해 코인을 현금화할 수도 있습니다. 세계관도 확장됩니다. 고릴라들이 차원의 문을 열고 새로운 차원인 '카오스 아레나'로 넘어가게 됩니다. 고릴라들은 모두 '뮤턴트'가 됩니다. 그곳에서 새로운 생명

메타콩즈

체인 '뮤턴트 지릴라(G.rilla)'와 만나게 됩니다. 기존 고릴라 그림을 가지고 있는 사람들이 메콩코인을 일부 사용하면 지릴라를 받을 수 있는 구조입니다. 이렇듯 NFT는 콘텐츠를 가지고 세계관을 확장해 나가야 성공할 수 있습니다. 당연히 지금의 생태계가 확장되어 나갈 만한 비전을 보여줄 수 있어야 하지요.

콘텐츠가 중요하다는 점에서 게임사들이 준비하고 있는 NFT에 주목해 보는 것도 좋습니다. NFT와 게임은 떼려야 뗄 수 없는 관계이기 때문입니다. 게이머들 사이에서 게임 아이템 등을 현금으로 사는 것을 일컫는 '현질'은 이제 자연스러운 일이 된 지 오래입니다. 게임 아이템을 사기 위해 돈을 쓰고, 때론 아이템을 팔아 현금화하기도 합니다. NFT는 이 거래에 '신뢰'를 더해 줍니다. 게임 아이템에 고유성을 부여하고, 버그로 아이템 복사가 일어나거나 해킹되더라도 원본이 무엇인지 알게 해 주는 증명서 역할을 합니다. 게임 속의 경제체계가 안정적으로 돌아갈 수 있는 셈입니다.

지금은 다소 기세가 수그러들었지만, 국내 게임사 위메이드는 지난 2021년 8월 블록체인 기술을 적용한 MMORPG(다중접속역할수행게임)인 '미르4'를 출시하면서 주가가 크게 뛰었습니다. 2021년 8월 3만 8000원대였던 위메이드의 주가는 그해 12월 24만5000원까지 올랐습니다. 미르4 유저는 게임 내 아이템인 '흑철' 10만 개를 채굴하면 게임 내 코인인 '드레이코' 1개와 교환할 수 있습니다. 드레이코 1개는 암호화폐 위믹스 1개와 교환됩니다. 게임 내 흑철 10만 개가 위믹스 코인 1개로 바뀌는 셈인데, 유저는 위믹스가 상장된 암호화폐거래소에서 현금화할 수도 있습니다. 국내에서는 현재 빗썸에서만 위믹스를 거래할 수 있습니다. 다만 미르4 국내 버전에서는 아이템을 위믹스로 바꾸지 못합니다. 게임물등급위원회에서 사행성 등을 이유로 블록체인 게임에 등급을 주지 않기 때문에 이 기능을 빼고 출시해야 했습니다. 하지만 향후 NFT 활성화에 따라 아쉬웠던 규제가 해소된다면 이같은 게임 속 NFT가 우리 곁에 흔하게 보일 가능성도 충분합니다.

다만, NFT가 언제나 옳은 것은 아닙니다. 잘 생각해 보면 다단계 사업과 비슷한 판매 방식인 것처럼 보입니다. 그렇다 보니 아직은 사기성 짙은 프로젝트도 많습니다. 콘텐츠를 만들어 나갈 능력이 없으니 초기에 그럴듯한 비전만 보여주고는 돈을 받고 '먹튀'하는 겁니다. 가상자산 시장에서는 이런 식의 사기 행위를 '러그풀'이라고 부릅니다. 열심히 공든 탑을 쌓아 가는데 탑 아래에 깔린 양탄자를 쑥 잡아 뽑아 버린다는 의미에서요.

2022년 초, 국내에서 '캣슬'이란 이름으로 운영된 NFT 프로젝트 운영자들이 실제로 잠적했습니다. 캣슬은 클레이튼 기반의 NFT로 탈중앙화 금융(디파이)을 하겠다는 로드맵을 통해 투자자(홀더)들을 유치했습니다. 하지만 운영자들은 얼마 안 가서 "메인 계정 해킹으로 더 이상 프로젝트를 진행할 수 없다."는 말만 남기고 사라졌습니다. 캣슬 프로젝트는 총 1만 마리의 각기 다른 고양이 NFT를 통해 탈중앙화 금융을 구축해 고양이를 구매하고, 이를 보유하면 킷(Kit)이라는 물고기를 준다고 홍보했습니다. 캣슬 NFT 10개를 가지고 있으면 매일 1킷(약 1클레이)을 주겠다는 겁니다. 지난 2021년 11월, 킷캣 1만 마리 중 1000마리에 대한 1차 판매를 시행했는데 21시간 만에 완판됐습니다. 굿즈(기획 상품)와 게임도 출시한다고 했지만, 운영진은 모두 사라졌다가 2022년 4월에 구속됐습니다. 프리세일 당시 25~35클레이(당시 3만6150~5만610원)에 거래됐던 캣슬 NFT 가격은 이제 세계 최대 NFT 거래소 오픈시(Opensea)에서 약 3클레이(1200원) 수준까지 추락했습니다.

이렇다 보니 NFT 시장은 최근 많이 축소되기도 했습니다. NFT 전문 분석 회사 논펀저블(NonFungible)이 낸 '2021년 NFT 시장 보고서'에 따르면, 전 세계 NFT 구매자와 판매자는 중복 계정을 합쳐도 약 350만 명이고 NFT 판매 규모는 177억 달러 수준입니다. 즉, NFT 시장이 아직은 초보적인 수준이라는 겁니다. 지금과 같은 극초기 시장 상황에 NFT 사기 사건들이 맞물리며 NFT 가격 거품이 꺼지는 중입니다.

논펀저블에 따르면, 2022년 글로벌 NFT 평균 판매 가격은 지난 2021년 11월에 비해 48% 이상 하락했습니다. NFT를 거래하는 계정 수도 11월 38만 개에서 19만4000개로 급감했습니다. 오픈시의 거래량도 지난 2022년 말까지 80% 감소했습니다만, 2024년 들어서는 2022년 말 대비 2배 가까이 늘고 있는 상황입니다.

핵심은 커뮤니티

블록체인과 NFT의 가장 필수적인 요소는 무엇일까요. 기술력? 네트워크를 돌리는 전기에너지? 돈? 좋은 콘텐츠? 조금 추상적인 개념이지만 '커뮤니티'가 가장 중요합니다.

먼저 블록체인부터 얘기해 보겠습니다. 세상에는 정말 여러 가지 체인이 존재합니다. 비트코인, 이더리움, 리플 등 모두 자기만의 체인을 가지고 있습니다. 저마다 기술력도 뛰어납니다. 기술적인 측면에서 어느 것이 더 뛰어나다고 말하기 쉽지 않습니다. 컴퓨터 전문가들은 다를지 모르지만 보통 사람들로서는 잘 구별되지 않습니다. 이는 다시 말해서 성공적인 체인이 되기 위해 아주 중요한 조건은 아닐 수 있다는 얘기입니다.

블록체인의 특징은 영원히 남는다는 겁니다. 중앙서버가 없습니다. 기존의 게임이나 포털사이트와는 다릅니다. 이들은 중앙서버가 전원을 끄면 모든 서비스가 중단됩니다. 하지만 블록체인은 그렇지 않습니다. 분산되어 저장되기 때문입니다. 모두가 정보를 나눠 갖고 있어서 한두 개의 검증자가 활동을 중단해도 체인은 남아있습니다. 우리의 교실 쪽지 망을 다시 떠올려 보겠습니다. 담임선생님이 쪽지를 중간에서 관리했다면, 담임선생님이 아파서 학교를 못 나오는 날에는 쪽지 망을 쓸 수가 없습니다. 하지만 모두가 참여하는 블록체인 형태로 운영된다면 쪽지 망은 언제나 운영될 수 있는 겁니다.

그러나 커뮤니티가 죽는다면 문제가 달라집니다. 체인의 수명이 끝나 버립니다. 모두가 사용하지 않고 개발자도 없다면 그 체인의 가치는 0에 수렴합니다. 아무런 효용도 없습니다. 교실 쪽지 망과 같습

분산되어 저장되기 때문에 영원히 사라지지 않는 블록체인

니다. 친구들이 쪽지 망을 사용하지 않는다면 어떻게 될까요. 검증인 노트에 기록은 남아 있겠지만 아무도 사용하지 않으면 그 쪽지 망은 죽은 것과 다를 바 없습니다. 공유되는 정보도 없고, 거짓 쪽지가 나와도 잘 고쳐지지 않을 겁니다. 코인도 그렇습니다. 체인을 활용한 새로운 서비스도 더 이상 나오지 않습니다. 물론 그렇게 완전히 죽은 체인이라도 영원히 사라지진 않습니다. 그러다가 어떤 천재적인 개발자가 심심풀이로 죽은 체인을 가지고 좋은 상품을 개발해 다시 살아날 수도 있긴 합니다. 그러므로 지금 당장 체인의 생명력에 가장 중요한 것은 바로 커뮤니티입니다.

NFT도 마찬가지입니다. NFT는 팬덤의 힘이 생기길 빌어 성장해 왔습니다. 세계관을 만들고 확장하며 그 세계관에 흥미를 느끼는 사람들이 점점 많아져야 NFT의 가격도 오르는 구조입니다. 프로젝트가 매력이 없고 기대할 만큼 발전하는 모습도 없어 사람들이 떠나간다면 그 프로젝트의 생명은 끝나게 됩니다.

그 까닭이 뭔지는 여러분도 이제 잘 알 것입니다. 이는 블록체인이 기본적으로 P2P이기 때문입니다. 개인과 개인이 연결되어서 만드는 일련의 상호작용들이 네트워크의 핵심입니다. 어찌 보면 SNS와 비슷합니다. SNS도 개인과 개인을 연결하는 서비스입니다. 사용자가 줄어들면 SNS는 망합니다. 싸이월드가 그랬던 것처럼요.

chapter.3

디지털 금융
디파이 (DeFi)

비트코인, NFT, 그 다음은?

블록체인의 다음 단계를 살펴볼 차례입니다. 한국 기준으로 보면 블록체인은 세 번의 큰 물결을 거쳤습니다. 첫 번째는 비트코인, 두 번째는 NFT와 메타버스입니다. 세 번째는 무엇일까요. 이에 대한 답은 바로 우리 자신에게 있습니다. 순서대로 살펴보겠습니다.

암호화폐가 국내에서 유명해지기 시작한 시점은 2017년입니다. 당시에는 암호화폐라는 단어조차 생소했는데, 비트코인이라는 화폐 그 자체에만 모든 이목이 쏠렸던 시기입니다. 비트코인을 두고 '이게 어떻게 법정화폐를 대신할 수 있는가.' '비트코인은 가치가 있나, 없나.' 같은 논쟁들이 주로 이뤄졌습니다.

이때 비트코인을 적극적으로 받아들인 건 80년대에서 90년대에 태어난 제 또래 세대입니다. 제가 초등학교에 다닐 때 메이플스토리가 나왔습니다. 온라인 게임을 자연스럽게 했고, 진짜 돈으로 게임 아이템을 사는 '현질'도 했습니다. 제 부모님 세대는 "왜 게임 같은 데 돈을 쓰냐."고 했지만, 저는 게임 아이템을 사기 위해 부모님 몰래 아이템매니아 같은 사이트를 이용해 거래했습니다. 그랬던 저와 제 친구들은 성인이 된 뒤에도 거리낌 없이 돈을 주고 게임 아이템을 삽니다. 2017년의 비트코인 논쟁은 디지털 세상에서의 상품이 가치가 있는지를 받아들이는 세대와 그렇지 않은 세대 간의 논쟁이었던 셈입니다.

'비트코인은 가치가 없다.'라거나 '비트코인은 사기'라는 말들은 이제 큰 의미가 없습니다. 2017년 10월에만 해도 비트코인 투자자들은 비트코인이 원화 기준 1000만 원을 돌파하자 '역사적인 순간'이라면서 서로 축하해 주기 바빴습니다. 그러면서도 어떤 사람들은 "이제 폭락만 남았다."고 걱정했습니다. 그런데 지금 비트코인은 얼마인가요? 비트코인은 2021년 말부터 엄청난 폭락을 거쳤는데도 최저점이었던 2022년 12월 30일 가격이 2000만 원을 넘었습니다. 2017년보다 2배 이상 높은 가격입니다. 2024년 들어서는 미국이 비트코인 현물 상장지수펀드(ETF)를 허용했습니다. 세계 최대 규모인 미국 자본시장에서 자산을 운용하는 블랙록, 피델리티 등의 자산운용사들이 비

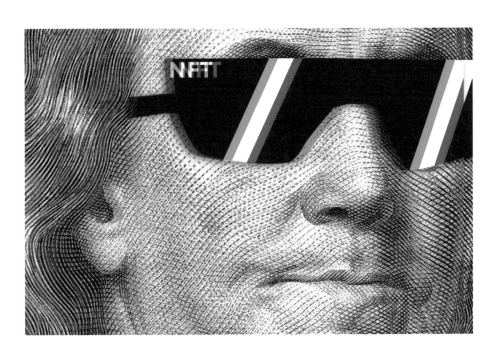

트코인을 취급하고, 비트코인 기반 상품을 증권시장에 내놓을 수 있게 된 겁니다. 이러한 역사적 흐름에 비트코인은 2024년 초 1개당 1억 원에 가까운 가격을 기록했습니다.

비트코인과 더불어 NFT가 뜨거운 이슈로 달아오르던 2019년, 코로나 사태가 터지면서 그 흐름에 기름을 끼얹었었습니다. 코로나19의 대유행이 기폭제가 되어 비대면, 메타버스 등이 대세로 자리 잡았습니다. 앞에서 설명했다시피 NFT의 가치는 메타버스에서 나오고 NFT와 메타버스의 성장과 미래는 바로 여러분 세대가 주인공입니다. 여러분은 스마트폰 이전의 핸드폰이 어땠는지 잘 모를 겁니다. 카카오톡이나 유튜브가 없던 시절도 상상하기 힘들 겁니다. 이미 여러분 삶의 상당 부분은 온라인을 통해 이뤄집니다. 온라인에서 콘텐츠를 보고 게임을 합니다. 메타버스나 NFT의 개념이 특별할 게 없다는 얘깁니다.

그렇다면 다음은 뭘까요. 혹시 카카오뱅크나 케이뱅크를 이용하시나요? 앞으로 점점 많아질 이 은행들은 실제로 은행 지점이 없는 디지털 은행입니다. 핸드폰 앱에서 모든 은행 업무가 가능해진 만큼 기존 은행들은 지점 수를 계속해서 줄이고 있죠. 여러분보다 더 어린 후배들은 어쩌면 사는 동안 한 번도 은행에 가 보지 않을 수도 있습니다. 많은 코인 전문가들이 탈중앙화 금융(Decentralized Finance : DeFi, 디파이)을 블록체인의 다음 단계로 꼽는 배경입니다.

디파이는 기존의 금융시장을 그대로 본떠 가며 상당히 빠르게 발전하고 있습니다. 비트코인이라는 화폐가 생기면서 현금과 코인을 바꿔 주는 거래소가 만들어졌습니다. 거래소는 코인과 코인도 교환해 줍니다. 여러분이 외국으로 여행 갈 때 환전하듯 말이죠. 이제는 코인을 담보로 받고 코인을 빌려주는 곳도 있습니다. 이더리움에 대해 설명할 때 교실 쪽지 망을 활용하여 샤프를 담보로 돈을 빌려주는 방법을 얘기했는데요, 바로 그런 방식으로 비트코인을 담보로 받고 이더리움을 빌려주는 식의 은행이 생긴 겁니다. 이게 무슨 의미가 있냐고요? 여러분이 샤프를 받고 5000원을 빌려줍니다. 샤프로 그림을 그려서 500원에 팝니다. 훗날 돌려받는 날이 돌아옵니다. 5000원을 빌려 간 친구는 이자까지 5500원을 돌려줍니다. 그러면 여러분은 1000원을 벌게 되는 겁니다.

디파이는 이더리움과 역사를 함께 합니다. 금융의 사전적 정의는 '이자를 받고 자금을 융통하는 것.'입니다. 지금 당장 현물을 교환하고 끝나는 게 아니기 때문에 '계약'이 필요합니다. 디파이가 '계약 가능한 코인' 이더리움의 등장과 역사를 같이 하는 것도 이 때문입니다. 비트코인은 누가 얼마를 가지고 있다는 소유권 현황 정도만 장부에 기록할 수 있지만, 이더리움은 다양한 컴퓨터 코딩 코드를 넣을 수 있다고 했습니다. 이더리움의 이 같은 특성을 우리는 '스마트 콘트랙트(계약)'라고 했지요.

이더리움에서 진행되는 스마트 콘트랙트의 가장 간단한 예시를 통해 좀 더 자세히 설명해 보겠습니다. 아까 얘기한 플스5 거래를 떠올려 보세요. 중고나라를 이용해 보셨다면 '안심 거래'를 잘 알 겁니다. 안심 거래는 판매자와 구매자 사이에서 중고나라가 중재자 역할을 하는 겁니다. 구매자가 전송한 돈을 중고나라가 갖고 있다가 구매자인 여러분이 플스5를 받았다고 하면 그때 판매자에게 돈을 보내주는 시스템입니다. 판매자가 거짓말을 하면 돈을 받지 못하는 거죠.

이더리움 스마트 콘트랙트도 똑같습니다. 구매자가 '물건을 받았다.'라는 신호를 보내면 물건 가격만큼의 이더리움을 구매자에게 보내달라는 계약을 생성할 수 있습니다. 구매자는 물건을 받고 나서 이더리움 장부에 신호를 보냅니다. 이더리움 시스템이 거래를 처리합니다. 구매자와 판매자는 중개자 없이 거래에 성공합니다.

다만, 디파이의 세계에서는 아직 현실에서처럼 실생활에 유용한 금융상품이 거의 없습니다. 누구나 비트코인을 공짜로 준다면 좋아할 겁니다. 하지만 여러분의 부모님이 갑자기 용돈을 비트코인으로 준다고 하면 어떨까요. '굳이?'라는 생각이 들 겁니다. 자전거를 중고로 파는데 비트코인으로 지불하겠다고 하면 어떨까요. 분명 여러분은 그냥 돈으로 달라고 할 겁니다. 이게 바로 코인 활용도의 현실입니다. 그렇다 보니 디파이 또한 현실에서는 의미 있는 상품이 거의 없는 겁니다.

현재 디파이 세상에는 대출이나 유동성 공급, 결제 등의 상품이 주류입니다. 대부분 투자를 위한 거죠. 대출의 경우를 보면 이렇습니다. 최근 포켓몬 빵이 유행했는데, 빵보다 스티커가 더 비싸게 거래됐습니다. 빵을 많이 사서 스티커를 많이 모을 수 있으면 그만큼 돈을 더 벌 수 있다는 얘깁니다. 그래서 여러분이 부모님께 돈을 빌리기로 합니다. 일주일 안에 갚기로 하고 10만 원을 빌려서 그 돈으로 빵을 삽니다. 스티커를 모아 20만 원에 팝니다. 여러분은 10만 원의 이득을 봤습니다. 부모님께 이자로 1만 원을 드립니다. 여러분도 이득이고 부모님도 이득입니다. 코인도 이런 식으로 코인을 빌려와서 투자하려는 사람들이 있는 겁니다. 이런 사람들한테 스마트 콘트랙트를 통해 내 코인을 빌려주고 이자를 받는 거죠.

유동성을 공급하는 상품도 있습니다. 여러분이 포켓몬 스티커를 판매한다고 생각해 보세요. 이때 사는 사람이 별로 없다면 어떨까요. 5천 원에 팔려고 했는데 사는 사람이 없으면 2천 원까지 가격이 낮아질 수 있습니다. 그냥 2천 원에 팔 수도 있지만 대개는 안 팔고 나중을 기약할 겁니다. 이렇게 되면 스티커를 사고파는 중고나라 입장에서는 아쉬울 겁니다. 거래 수수료를 받아 먹고사는데, 거래가 없으면 아무런 수입이 없으니까요. 주식시장에서도 마찬가지입니다. 주식이나 코인 거래소는 주식이나 코인을 사람들이 사고팔 때마다 발생하는 수수료를 통해서 수익을 냅니다. 그러므로 거래가 많이 일어나야 해요. 사고 싶은 사람, 팔고 싶은 사람이 많아야 합니다. 그래서 가상화폐 세상에서는 스티커 가격 2천 원과 5천 원 사이를 채워 주는 존재가 필요합니다. 매수자한테는 3천 원에 산다고 하면 파는 사람이 있을 것 같다고 말해 주고, 판매자한테는 3천 원에 팔면 산다는 사람이 있을 것 같다고 말해 주는 존재들이죠. 이들이 '마켓 메이커'입니다. 이들이 활동하기 위해 돕는 것을 유동성 공급이라고 합니다.

스테이블 코인이 나온 까닭

요즘 블록체인 생태계에서 가장 주목받는 부분을 꼽자면 '화폐'입니다. 화폐라니, "이제껏 얘기한 비트코인이나 이더리움도 화폐 아닌가?"하고 고개를 갸웃하는 친구들이 있을 것 같습니다. 물론 비트코인과 이더리움도 화폐로 쓰일 수 있습니다. 예컨대 여러분이 포켓몬 카드로 물건을 산다고 생각해 보세요. 당연히 포켓몬 카드를 화폐처럼 쓸 수 있습니다. 하지만 문제는 포켓몬 카드가 언제는 샤프 1개가 되고 언제는 3개가 되는 등 가치가 변한다는 점입니다. 이 때문에 포켓몬 카드보다는 진짜 돈이 화폐로서는 유용합니다.

코인의 세계에서도 마찬가지입니다. 스테이블 코인(Stable Coin)이 코인 계의 화폐로 주목받고 있는 까닭도 바로 그런 점 때문입니다. 스테이블 코인은 표시한 코인의 가격이 거의 변동하지 않고 안정된 가상화폐를 뜻합니다. 말뜻대로 가치가 고정된(스테이블) 코인인 셈입니다. 스테이블 코인의 역사를 통해 차근차근 알아볼게요.

가장 유명하고 오래된 스테이블 코인은 '테더(USDT)'입니다. 테더는 1달러당 1테더가 발행됩니다. 테더의 발행사인 '테더리미티드'는 테더 1개를 발행하고 이를 1달러와 교환해 주는 방식으로 가격을 유지합니다.

테더가 등장한 배경을 보면 스테이블 코인이 떠오른 이유를 알 수 있습니다. 예컨대 해외 코인 거래소에서는 한국의 원화로 코인을 구매할 수 없습니다. 한국 정부가 외국환거래법을 이유로 거래를 막아놨기 때문입니다. 일반적으로 모든 국가는 자국의 부

테더(USDT)

(富)가 해외로 쉽게 유출되지 않도록 합니다. 한국 돈으로 해외에서 코인을 사면 한국 돈이 해외로 빠져나간 것과 같거든요. 그래서 한국 투자자들은 비트코인 같은 가상화폐를 한국에서 구매한 뒤 이를 해외거래소에 보내 사용합니다. 한국 정부가 아직 코인을 법적으로 관리하지 못하기 때문입니다. 그런데 코인은 가치가 시시각각 변해서 전송 중에도 가격이 오르내립니다. 미국으로 1000만 원을 보내고 싶은데 보내던 중에 600만 원이 될 수도 있는 겁니다. 투자하려는 목적이 아니라 단순히 송금하려는 목적으로 코인을 산 건데 가격이 내려간다면 억울할 겁니다. 이런 상황에서는 가치가 고정된 테더를 사면 모든 게 해결됩니다. 다양한 국적과 법령을 적용받는 투자자들의 좀 더 자유로운 코인 투자가 테더의 등장 배경인 겁니다.

문제는 테더의 가치가 전적으로 '테더리미티드'라는 특정 회사에 대한 신뢰에 기반하고 있다는 점입니다. 한국의 코인 투자자라면 잊을 수 없는, 엄청난 하락이 왔던 2018년 초에도 사실은 이에 대한 문제점이 하락의 원인으로 제기됐습니다. 테더리미티드에 실제로 예치된 달러에 비해 훨씬 더 많은 테더가 발행됐다는 의혹이 있었던 겁니다. 이는 비트코인 가격 거품론에 기름을 부은 격이었습니다.

우리나라와 달리 미국은 달러로 곧장 비트코인을 살 수 없습니다. 그래서 달러로 테더를 산 뒤에 다시 코인을 구매하는 구조를 거치게 됩니다. 적어도 해외시장만 놓고 보면 비트코인의 수요는 사실상 테더에 대한 수요와 같은 셈인 거죠. 그러니 테더리미티드가 실제로 받은 달러보다 테더를 더 발행했다면 어떻게 될까요? 이렇게 되면 비트코인 가격에 일정 부분 거품이 끼어있다는 뜻이 됩니다. 더 쉽게 비유해 볼게요. 여러분 반에서 플스5가 경매에 나왔습니다. 여러분은 플스5가 엄청 사고 싶어요. 근데 실제 살 사람도 아닌데 옆의 친구가 자꾸 가격을 올립니다. 플스5를 새로 사도 70만 원인데 경매 가격이 100만 원이 됐다고 생각해 보세요. 그러면 이 가격은 의미가 있는 가격일까요? 당연히 거품이 끼어있는 겁니다.

이런 상황이라면, 비트코인을 팔고 달러로 바꾸려는 사람들이 갑자기 몰려왔을 때 테더리미티드는 달러가 충분치 않을 수도 있습니다. 실제로는 달러를 아주 조금 가지고 있을 테니까요. 정말 이런 상황이라면 여러분은 어떻게 하시겠어요. 일단 나부터 살아야겠다는 생각으로 비트코인을 팔고 달러를 찾으려고 하게 됩니다. 여러분뿐 아니라 모두가 같은 생각을 할 겁니다. 투자자들이 테더리미티드로 달려가 달러를 내놓으라고 하는 거죠. 이런 현상을 '뱅크런'이라고 합니다. 실제 2018년의 비트코인 폭락에는 이러한 뱅크런 우려가 큰 영향을 미쳤다는 분석이 있습니다.

이 때문에 테더 이후 다양한 대안이 마련된 스테이블 코인이 등장했습니다. 테더와 비슷한 원리지만 투명한 감사를 받겠다는 USDC, 가상화폐 담보 스테이블 코인 다이(DAI), 알고리즘 기반의 스테이블 코인 테라 등이 그것입니다. 코인 담보 스테이블 코인의 대표 격인 다이의 원리를 알아볼게요. 다이는 메이커(Maker)라는 코인 담보 대출 시스템을 통해 발행됩니다. 특정 코인을 맡기면 이를 담보로 다이를 준다는 말입니다. 담보 비율은 최소 150%입니다. 이는 150만 원어치 맡기면 100만 원을 빌릴 수 있다는 얘기입니다. 최소 담보 비율로 이더리움을 맡기면 이를 담보로 1달러의 가치를 갖는 1다이가 발행됩니다. 현재 이더리움이 3000달러 정도이니, 지금 맡기면 1500달러 상당인 1500다이를 받는 식입니다. 가장 유명한 알고리즘 기반 스테이블 코인은 '테라'입니다. 테라는 가격이 변동하는 '루나'라는 코인과 함께 쌍으로 존재합니다. 테라 사용자가 늘어날수록 루나 가치는 오르고 루나 가치가 오르면 테라의 발행량도 늘어나는 구조입니다. 테라와 루나에 관한 이야기는 다음 챕터에서 자세하게 다뤄보도록 하겠습니다.

최근 스테이블 코인이 인기를 끄는 배경에서 눈여겨봐야 할 부분은 법정화폐에 대한 도전입니다. 자본시장연구원 보고서에 따르면, 전 세계 스테이블 코인의 시가총액은 2020년 3분기부터 폭발적으로 증가해 2024년 3월 기준으로는 테더만 해도 약 1000억 달러(약 133조 원) 규모로 확대됐습니다. 스테이블 코인은 안정된 가치를 활용해 결제시장에서 적극적인 활용이 가능합니다. 금과 은을 실제 거래에서는 잘 사용하지 않듯, 비트코인이나 이더리움은 가치 저장 수단으로 남겨두고 이를 기반으로 발행된 가치가 일정한 스테이블 코인으로 결제를 하는 식입니다. 사실 세계 각국에서 발행하려는 중앙은행디지털화폐(CBDC)도 근본적으로는 같은 논리입니다. 국가가 보증하고 법정화폐의 고정된 가치를 갖는 코인을 발행하는 셈이기 때문입니다.

디지털 금융위기, 루나 사태

"우리는 코드를 믿는다." 이 말은 블록체인 신봉자들의 표어입니다. 기독교의 '우리는 신을 믿는다.'에서 신을 코드로 바꾼 말이죠. 코드로 작동되는 블록체인을 통해 디지털 금이라는 비트코인이 만들어지고 이더리움으로 한 단계 더 나아가더니, 최근에는 알고리즘을 통해 투표나 보험 등 사회 시스템을 구현하려는 시도까지 더 빠른 속도로 진행되고 있습니다. 각국의 중앙정부와 블록체인 커뮤니티가 맞붙고 있는 곳도 그렇습니다. 고정된 액면가를 유지하며 발행되는 현대식 화폐에서도 블록체인과 기존의 금융이 맞붙고 있습니다.

신구 권력이 맞붙는 곳에는 사람들의 관심이 몰립니다. 관심이 몰리면 돈도 몰립니다. 러시아와 우크라이나의 전쟁으로 러시아에 대한 국제적 경제제재가 결정됐던 시점에 급등한 코인 '웨이브'가 이를

방증합니다. 2022년 3월 28일, 웨이브는 하루 만에 56%나 올랐습니다. 2월 가격인 1만1000원에 비하면 7배 이상 오른 7만8900원까지 가격이 솟구쳤습니다.

2022년 5월부터 신문과 방송에 끊임없이 등장한 루나·테라도 그랬습니다. 알고리즘을 토대로 만든 코드로 돈을 뽑아내는 프로젝트였습니다. 진짜 돈과 같은 화폐를 찍어내는 것처럼 보였습니다. 이 같은 믿음이 깨지고 투자자들이 지옥 같은 현실을 받아들이는 데는 고작 일주일 정도가 걸렸습니다. 악몽의 시작은 2022년 5월 9일이었습니다. 5월 9일 루나(LUNA) 코인은 장중 한때 53.9% 폭락한 29.61달러를 기록했습니다. 당시는 비트코인도 하루 만에 11% 이상 폭락하는 등 주요 코인들의 하락장이 한참 진행 중이던 때입니다. 그런 상황을 고려하더라도 루나의 하락 폭은 충격이었습니다.

당시 루나가 유달리 크게 하락했던 건, 루나와 테라 생태계에 대한 붕괴 우려가 제기됐기 때문입니다. 루나는 가치가 고정된 스테이블 코인 '테라USD(UST)'의 가격 안정화를 위한 채굴 코인입니다. 테라는 알고리즘 스테이블 코인으로, 테라의 가격이 고정가격 이하일 때 차익 거래자들은 테라 시스템에 테라를 보내서 동등한 법정화폐 기준 가치에 해당하는 루나를 얻은 뒤, 이를 다시 시장에 매각해서 이익을 얻음과 동시에 테라를 고정가격으로 되돌려 놓는 구조입니다.

즉 테라를 시장 판매하는 것보다는 루나를 얻어서 판매하는 게 이득이기에, 테라 시스템은 시장에 풀린 테라를 다시 거둬들이는 효과를 거둘 수 있는 셈입니다.

잘 살펴보면 이는 전통 금융을 모방한 실험입니다. 루나 프로젝트가 국가라면, 루나는 국채와 비슷하고 테라는 달러와 비슷합니다. 미국 연방정부는 국채를 발행합니다. 채권은 빚문서입니다. 언제까지 갚겠다는 내용이 쓰여 있습니다. 국채는 국가가 발생한 빚문서입니다. 미국 국채를 한국의 한국은행과 대응되는 미국 연방준비제도(Fed)가 사들입니다. 그리고 그 양만큼 달러를 찍어냅니다. 미국 국채의 가격을 뜻하는 금리는 미국의 신뢰도와 관련 있습니다. 다시 말해 미국의 달러는 미국에 대한 신뢰를 기반으로 뽑아내는 셈입니다. 여기서 잠시 주식 이야기를 해 보겠습니다. 주식의 가격은 해당 기업의 성과나 자산 등과도 연관이 깊지만, 그것만으로 결정되진 않습니다. 해당 기업이 앞으로 더 성장할 것이라는 '믿음'이 가격에 투영돼 있습니다. 신뢰가 가격이라는 수치로 투영되는 겁니다. 미국에 대한 신뢰는 미국의 국채 금리로 투영되고 그걸 기반으로 달러를 뽑아낸다고 볼 수 있는 겁니다.

미국 국채와 비슷한 루나의 가격 상승은 루나를 '믿는' 사람이 늘어난다는 것을 뜻합니다. 그리고 루나의 가격이 상승하면 이를 토대로 스테이블 코인 테라USD(UST)를 찍어냅니다. 그동안 루나의 가격 상승과 UST 사용자의 증가는 서로 선순환했고, 루나가 가상화폐 시가총액 4위까지 오르게 했습니다. 매우 흥미로운 모델이었죠.

문제는 테라와 루나 가격이 동시에 급격하게 내려갈 때, 이 같은 시스템이 제대로 작동하지 못할 위험이 존재한다는 점입니다. 앞서 말했듯 일시적으로 테라의 가격이 내려가면 투자자들은 테라를 루나로 바꾸는 게 이익입니다. 그런데 누군가가 이를 알면서도 테라를 루나로 바꾸지 않고 시장에서 대량으로 팔면 어떻게 될까요. 테라의 가격은 당연히 내려갈 겁니다. 테라 가격의 급하락에 놀란 다른 투자자들은 급하게 테라를 루나로 바꿀 겁니다. 많은 투자자가 몰리면서 루나의 가격도 급격히 내려갈 겁니다. 시장에 풀린 루나의 양이 많아지기 때문입니다. 수요와 공급의 원리입니다. 이렇게 되면 뒤늦게 테라를 루나로 바꾸려던 사람들은 고민하게 됩니다. 루나로 바꿔서 파는 게 이익인지, 테라로 그냥 매도하는 게 이익인지 말입니다. 그런 과정이 반복되면서 테라와 루나 가격이 함께 무한히 하락하게 됩니다. 이를 '죽음의 나선'이라고 합니다.

루나·테라 사건 때도 미국 1달러에 고정된 UST(테라USD)가 장중 0.6달러 선까지 붕괴하는데도 고정가격인 1달러로의 가격방어가 되지 않으면서 테라 시스템에 대한 우려가 증폭, 루나와 테라가 동반 폭락을 겪었습니다. 전에도 이런 공격이 없었던 건 아닙니다. 과거에는 이런 현상이 발생할 때마다 루나의 알고리즘을 통해 UST의 유동성을 흡수했습니다. 하지만 이번에는 막대한 매도 공격이 쏟아졌습니다. UST는 0.3달러대로 떨어졌습니다. 가격을 쉽게 회복하지 못했습니다. UST 보유자들은 고정가격을 환급받지 못한다는 생각으로 시장에 내던졌습니다. UST의 가격을 흡수하기 위해 루나의 발행량도 기하급수적으로 늘었습니다. 원래 루나는 총 발행가치를 3억 달러 정도로 유지하도록 합의됐습니다. 하지만 지난번 루나 사태 당시에는 루나 가격이 0에 가깝게 떨어지면서 총 발행가치를 맞추기 위해 사실상 무제한 발행됐습니다. 결국 5월 13일 오전, 루나는 시스템을 멈춰 세웠지만 이미 발행된 루나의 양은 무지막지했습니다. 수년간 발행한 루나의 3~4배를 3일간 발행하면서 가치 하락도 가속화됐습니다.

앞에서 루나는 법정화폐와 논리가 비슷하다고 얘기했습니다. 그런데 왜 법정통화는 멀쩡하고 루나는 몰락한 걸까요. 이런저런 주장이 난무하지만, 가장 큰 부분은 쓸모의 유무입니다. 진짜 화폐는 쓰임새가 다양합니다. 우리 생활 전반에 화폐가 필요하니까요. 하지만 테라는 그렇지 않았습니다. 루나 재단(루나 파운데이션 가드: LFG)이 테라의 쓰임을 늘리기 위해 내놓은 건 연이율 20%를 준다는 '앵커 프로토콜' 정도였습니다. 쓸모없는 돈을 맡겨두면 금리를 높게 쳐준다고 하니 모든 돈이 몰려갈 수밖에 없었던 거죠. 오로지 수익을 올리기 위한 돈이 손해를 내기 시작한다면 가치는 0을 향해 갈 수밖에 없습니다. 결국 루나·테라가 속절없이 무너진 건 루나가 '쓸모없었기' 때문입니다.

루나 사태로 반사이익을 거둔 코인이 USDC라는 점도 흥미롭습니다. 루나가 무너지기 전까지 스테이블 코인 순위는 1위 테더, 2위 USDC, 3위 테라였습니다. 루나가 무너진 지 일주일 만에 USDC의 시가총액은 65조3200억 원으로 역대 최고 수준을 기록했습니다. 루나 사태가 터지기 직전 61조9400억 원 수준이었던 것에 비해 5.4% 이상 급증한 거죠. USDC는 미국의 서클이라는 회사가 발행하는 달러 기반 스테이블 코인입니다. 원리는 테더와 비슷해요. 달러를 받아서 발행됩니다. 특히 서클은 골드만삭스, 피델리티, 블랙록 등 손꼽히는 미국 금융회사의 투자를 받은 핀테크 기업입니다. 게다가 USDC는 미국 규제를 준수하는 것을 최우선으로 하는 코인입니다. 불안에 떠는 투자자들이 USDC로 몰린 배경이죠. USDC 시가총액이 급증한 것은 '안전한 담보(달러)를 가진 스테이블 코인' 수요가 폭증했기 때문입니다. 루나를 기반으로 발행하는 알고리즘 스테이블 코인 테라가 무너지자 많은 투자자가 달러를 기반으로 하는 USDC로 눈을 돌린 겁니다.

이자놀이 말고는 쓸모없는 코인들

코인 시장의 위기는 루나의 몰락으로 끝나지 않았습니다. 코인 시장에는 루나처럼 '위험한' 상품들이 너무 많기 때문입니다. 루나 사태에서 잠깐 언급했던, 연이율 20%를 준다는 '앵커 프로토콜'부터 알아보겠습니다. 프로토콜은 서로 다른 기기나 시스템이 원활하게 소통하고 협력할 수 있도록 도와주는 약속이나 규칙을 말합니다.

디파이 프로토콜의 사용법은 NFT와 비슷합니다. NFT를 만드는 법은 앞에서 설명했습니다. 본인의 코인 지갑이 필요하고, 그 지갑으로 NFT를 만드는 플랫폼 위에서 NFT를 민팅했습니다. 디파이도 비슷합니다. 본인의 코인 지갑으로 디파이 서비스에 접속해야 합니다. 그곳에서 자기 지갑에 들어있는 자산(코인)을 가지고 다양한 상품에 투자하는 식입니다.

앵커 프로토콜은 테라의 디파이 플랫폼입니다. 쉽게 말해서, 테라를 기반으로 하는 테라의 블록체인 위에서 구동되는 플랫폼이라는 말입니다. 테라도 이더리움처럼 프로그래밍 가능한 코인입니다. 테라를 기반으로 스마트 콘트랙트를 구현할 수 있습니다. 이를 통해 앵커 프로토콜은 사용자와 일종의 금융 계약을 체결하는 겁니다. 앵커 프로토콜은 예치금에 대한 높은 이자로 인기를 끌었기 때문에 현실에서 예치금을 맡기는 곳인 은행과 비견됐습니다. 코인 세계에서는 앵커 프로토콜을 '웹3.0 시대의 은행'이라고 불렀습니다. 웹3.0이 뭔지는 뒤에서 다시 다루겠습니다.

앵커 프로토콜의 사업구조는 단순합니다. 여러분(예금자)이 스테이블코인 테라USD(UST)를 예치합니다. 앵커 프로토콜은 예금자의 UST를 모아서 대출이 필요한 사람(차입자)에게 빌려줍니다. 이때 앵커 프로토콜은 차입자로부터 대출이자를 받아서 예금자에게 주는 겁니다. 일반 은행이 예금자에게 이자를 주는 방식과 같은 원리입니다. 다만, 앵커 프로토콜은 한 가지 다른 원리로 돈을 더 벌어 예금이자를 18%나 지급합니다. 차입자는 UST를 빌릴 때 담보를 맡겨두고 대출합니

코인 시장에는 이자 놀이에만 관심 있는 위험한 코인들이 많다.

다. 예컨대 이더리움을 200만 원어치 맡겨두고, 테라는 100만 원어치 빌리는 식입니다. 앵커 프로토콜은 빌려가는 금액 대비 2배의 담보를 맡기도록 했습니다. 그래야 앵커 프로토콜이 안전하기 때문입니다.

이 안전의 의미는 다음과 같습니다. 일반적인 은행에서 돈을 빌려줄 때는 차입자의 신용을 평가합니다. 뉴스 등에서 '신용점수'라는 말을 들어봤을 겁니다. 그 사람이 평소에 얼마나 돈을 벌고, 돈을 빌리면 잘 갚아왔는지를 보고 점수를 매겨서 돈을 빌려주는 겁니다. 은행 입장에서는 차입자가 돈을 못 갚으면 손해가 되니까요. 그런데 디파이는 신용평가가 없습니다. 중앙은행이 없기 때문입니다. 앵커 프로토콜이 중앙은행처럼 보이지만 사실 중앙은행은 아닙니다. 돈은 개인(예금자) 대 개인(차입자)으로 빌려주는 겁니다. 다만, 표준 계약 조건을 앵커 프로토콜이 제공하고 대출 계약을 중개하는 겁니다. 그러니 믿을 수 있는 담보를 토대로 대출하는 겁니다.

이런 질문이 곧바로 나올 것 같습니다. 200만 원 맡기고 100만 원 빌리는 이유가 무엇이냐고요. 이렇게 생각하시면 됩니다. 여러분이 비트코인이나 이더리움을 6개월 정도 장기투자하고 싶다고 생각해 보세요. 그냥 두면 장기투자에 따른 시세차익만 거둘 수 있습니다. 그런데 앵커에 맡겨두고 100만 원의 UST를 빌려 이것으로 또다시 투자한다면 사실상 300만 원어치 돈을 굴릴 수 있는 겁니다. 앵커 프로토콜은 이 담보로 받은 자산을 다른 곳에 투자하거나, 앞에서 얘기했던 이더리움 등의 지분증명(PoS)에 사용합니다. 받은 이더리움 담보물을 묶어두면 앵커 프로토콜이 이더리움으로부터 이자를 받을 수 있는 거죠. 이렇게 수익을 극대화해서 18%의 이자율을 만드는 겁니다. 여기까지 봤을 때는 아주 혁신적이라고 보일 겁니다. 그런데 왜 문제가 발생했을까요. 루나에 이어서 발생한 사건을 또 하나 보겠습니다.

2022년 6월, 비트코인과 함께 가상화폐 시장의 두 축을 이루는 이더리움(ETH) 가격이 급락했습니다. 이더리움 기반 탈중앙화금융(디파이)에서 판매되는 파생상품이 청산될 위기에 놓였기 때문입니다. 당시 미국의 코인 대출 서비스 기업인 '셀시우스 네트워크'는 모든 고객 자금에 대한 인출을 중단한다고 밝혔습니다. 셀시우스 거래 고객은 주로 미국 투자자들이지만 이들이 보유한 자산은 31조 원에 달했습니다.

이더리움은 이때도 이더리움2.0을 위한 업그레이드를 진행하고 있었습니다. 채굴 형태가 바뀌는 과정을 미리 준비하기 위해 예금과 비슷한 형태의 '스테이킹'을 하면, 일정 기간 이후 이자를 주는 서비스를 먼저 공개했습니다. 더 많은 이자를 얻으려면 많은 이더리움을 한번에 예치해야 합니다. 이를 위해 일종의 크라우드펀딩 플랫폼인 '리도파이낸스'가 등장했습니다. 리도파이낸스는 이더리움을 맡기면 그

증표로 'stETH(리도 스테이크드 이더)'라는 이름의 토큰을 줍니다. 이더리움을 스테이킹한 증표라는 뜻입니다.

문제는 셀시우스가 stETH를 이용해 이자 장사를 했다는 점입니다. stETH를 맡기면 이더리움을 빌려주는 식입니다. 증표를 맡기면 실물을 빌려주는 겁니다. 이렇게 되면 투자자들은 리도에 이더리움을 맡기고 stETH를 받은 뒤 셀시우스에서 이더리움을 또 빌릴 수 있습니다. 이렇게 받은 이더리움을 리도에 다시 맡기고, stETH를 또 한 번 받아서 셀시우스에서 이더리움을 빌릴 수 있는 거죠.

가격이 상승할 땐 아무런 문제가 없었습니다. 수익이 극대화됐으니까요. 문제는 자산시장 가격이 하락할 때입니다. 가격이 하락하면서 투자를 포기하고 셀시우스에 맡겨놓은 이더리움을 찾아 시장에서 매각하려는 고객이 많아지면서 이더리움이 아닌 stETH를 가진 셀시우스는 뱅크런 위기에 처했습니다. 셀시우스는 애초에 다른 손님들이 맡긴 이더리움을 갖고 있다가, stETH를 받고 또 다른 고객들에게 이더리움을 빌려줬던 겁니다. 그러니 이더리움을 찾는 사람들이 갑자기 몰리면, 셀시우스는 이더리움이 아닌 stETH밖에 없어서 뱅크런이 발생하게 된 겁니다.

앵커 프로토콜도, 셀시우스도 결국 이런 문제가 발생한 이유는 과도한 이자 놀이에 집중했기 때문입니다. 이자놀이 말고는 아무런 효용이 없던 코인들입니다. 돈놀이가 어려워질 거라는 생각이 들면 투자자들은 순식간에 돌아서게 됩니다. 오로지 이자 놀이만 기대할 수 있는 자산인데 그게 불가능해지면 투자할 이유가 없으니까요. 디파이가 앞으로 발전해 나가기 위해서는 단순한 이자 놀이가 아닌 실생활에서 의미가 있는 금융을 만들어 가야 합니다.

chapter.4
블록체인의 미래

WEB 2.0, 플랫폼의 허락이 필요해

블록체인이 무엇인지부터 NFT와 DeFi까지 그 개념을 이해했다면 블록체인 세계에서의 핵심이 '탈중앙화'라는 것을 잘 알았을 겁니다. 블록체인에서의 모든 프로젝트는 각 개별적인 요소들이 주체가 되어 실행됩니다.

바로 그 지점에서 산업 전반에서의 새로운 움직임들이 나타나고 있습니다. 다름 아닌 웹3.0입니다. 여러분도 나무위키를 많이 보실 겁니다. 나무위키의 첫 페이지에 들어가면 '여러분이 가꾸어 나가는 지식의 나무'라고 나와 있습니다. 이것의 의미는 단순합니다. 나무위키는 대학의 교수님이나 학교 선생님이 만드는 게 아닙니다. 여러분이 직접 글을 쓰고 수정합니다. 아무런 자격도 필요 없습니다. 그런데 나무위키의 규정에는 이런 내용이 들어가 있습니다. '나무위키에 글을 쓰는 건 기여자가 나무위키의 라이선스에 따라 이용을 허락한다는 것을 의미한다.'는 것입니다. 글을 쓰는 순간부터는 그 글이 어떻게 쓰이든 나무위키의 지침에 따르라는 뜻입니다. 이것이 바로 웹 2.0입니다.

그럼 웹3.0은 무엇이 다를까요. 웹3.0은 3번째의 웹이라는 의미입니다. 웹은 우리가 잘 알고 있는 월드 와이드 웹(World Wide Web : WWW)을 뜻합니다. 1990년 12월 20일에 발표된 서비스입니다. 컴퓨터를 거미줄(Web)처럼 이어서 만들었는데, 기본적으로 HTML이라는 컴퓨터 언어를 사용해서 페이지들을 쉽게 열람할 수 있도록 이어놓은 시스템으로 탄생했습니다. 우리는 웹브라우저를 통해 이 문서들을 읽습니다.

처음 탄생한 웹에서 우리는 단순히 정보를 소비하기만 했습니다. 뉴스, 논문 등 궁금한 걸 찾아서 읽는 공간이었습니다. 정보의 공급자와 소비자의 역할은 엄격히 구분됐습니다. 그저 읽기 전용 공간이었습니다. 잘 상상이 안 될 수도 있는데, 당시의 인터넷은 정보를 '찾는' 것이 중요했습니다. 원하는 정보를 찾으려면 원하는 정보가 잘 나와 있는 웹사이트를 검색하는 능력이 좋아야 했습니다. 반대로 본인의 얘기를 심도 있게 하기 위해서는 자기만의 홈페이지를 만들 수 있

어야 했습니다. 정보 공급자가
되는 게 쉽지 않았던 겁니다. 이
때의 웹은, 웹2.0이 나오면서 웹
1.0으로 이름 붙었습니다.

World Wide Web

　2004년에 처음으로 웹2.0이
등장했습니다. 웹2.0은 네이버나
페이스북과 같은 플랫폼 사업자
의 등장과 관련됩니다. 이용자들
은 플랫폼을 통해서 다른 사람과 데이터를 주고받을 수 있습니다. 국
내에서 웹2.0 서비스로 가장 주목받았던 것은 네이버 지식인입니다.
네이버라는 플랫폼 위에서 모두가 콘텐츠를 만들며 주고받았죠. 유
튜브도 마찬가지입니다. 유튜버들은 콘텐츠를 생산하고, 유튜브라는
플랫폼에 이 콘텐츠를 올립니다. 다른 사용자들이 이 영상을 봅니다.
그 과정에서 유튜버는 콘텐츠 광고료를 버는 수익 구조입니다.

WEB 3.0, 정보의 주권이 나에게로

웹3.0은 블록체인이 떠오르면서 개념이 구체화하기 시작했습니다. 웹
3.0은 콘텐츠의 소유권에 대한 개념이 웹2.0과 전혀 다릅니다. 지금
의 인터넷 환경(웹2.0)에서는 인터넷 세상을 플랫폼이 통제합니다. 콘

텐츠를 만드는 것은 이용자인데, 그 콘텐츠를 관리하는 것은 플랫폼인 거죠. 유튜브나 페이스북의 정책이 바뀌면 광고 등의 수익도 변하게 됩니다. 물론 이용자는 플랫폼이 제공하는 무료 서비스를 이용할 수 있지만, 이를 통해 창출된 수익 대부분은 플랫폼이 가져갑니다.

플랫폼 기업의 보안이 뚫리면 개인정보가 유출될 수도 있습니다. 해당 플랫폼이 사라진다면 데이터도 모두 없어집니다. 예컨대 인스타그램을 통해 친구를 만들고, 친구와의 추억이 담긴 게시글을 열심히 쌓으면 우리에게 인스타그램은 소중한 공간이 됩니다. 하지만 영원하진 않습니다. 우리의 추억도 언젠가는 사라질 겁니다.

웹3.0은 바로 여기서 '그게 정말이야?'라고 물음표를 던집니다. 정보의 주권을 플랫폼에 맡기지 말고 이용자(제공자)에게 귀속시켜야 한다는 것이 웹 3.0의 시작입니다. 지금까지의 웹 세상이 읽고 쓰기만 하는 단위였다면, 이제부터는 여기에 '소유'까지 포함됐다고 생각하면 됩니다. 여러분이 나무위키에 글을 쓰면 그 부분은 영원히 여러분의 것이 됩니다. 그 부분을 누가 많이 읽어서 해당 페이지에서 광고 수익이 발생했다면 그것도 여러분과 나눠 갖는 개념입니다. 나무위키에 글을 쓰고 돈을 벌 수 있다는 얘기입니다.

웹 3.0은 블록체인으로 인하여 비로소 실현할 수 있게 됐습니다. 일단 데이터 자체가 블록체인에 저장됩니다. 모두가 분산 저장된 데이터를 나눠 갖습니다. 기존의 웹2.0처럼 네이버나 구글이 데이터를 일방적으로 저장하지 않습니다. 데이터 소유권을 주장할 수 없는 거죠. 플랫폼의 의사결정에도 민주적으로 참여할 수 있습니다. 웹3.0의 구글이 등장한다면 그 플랫폼은 구글이 아니라 사용자들이 의견을 모아서 운영 방향을 결정합니다.

웹 3.0의 세상이 오면 '전환비용'이 저렴해지는 것도 큰 특징입니다. 전환비용이란 플랫폼을 바꾸는 비용을 의미합니다. 예컨대 페이스북에서 인스타그램으로 옮겨가는 비용입니다. 여러분이 유튜브를 하다가 틱톡에 가입하려면 회원가입부터 모든 것을 새롭게 다시 시작해야 합니다. 나에 대한 기본적인 데이터부터 입력하고, 친구 관계,

웹 3.0

사진, 글도 하나하나 옮겨와야 합니다. 마치 집을 옮기듯 적잖은 수고가 필요해집니다.

현재는 고객의 데이터가 기업의 소유자산이기 때문에 이걸 쉽게 옮기게 해 줄 이유가 없습니다. 하지만 웹3.0에서는 그렇지 않습니다. 나에 대한 정보는 애초에 내 것이기에 쉽게 옮길 수 있습니다. 앞에서 얘기한 NFT 민팅 과정을 떠올려 보세요. 개인 소유의 코인 지갑으로 이 서비스와 저 서비스를 이용합니다. 내가 만든 NFT나 내가 구매한 코인들은 모두 내 지갑에 저장됩니다. 다른 서비스를 이용하려면 그냥 다른 서비스에서 내 지갑을 연결하면 됩니다. 내가 가진 NFT와 코인들을 그곳에서 쓸 수 있습니다. 그게 바로 웹3.0입니다.

기업들도 웹3.0에 큰 관심을 두고 있습니다. 웹3.0을 어떻게 기업이 쓰냐고요? 오디션 프로그램 '프로듀스 101'을 생각해 보세요. 프로듀스 101에서는 지원자들이 각기 다른 매력을 뽐내고 시청자들이 투표를 통해 데뷔 멤버를 선정했습니다. 기업을 웹 3.0 플랫폼에 올린다면 개인들이 인프라 구축에 참여하고 이에 따른 수익을 나눠 가질 수 있습니다. 예컨대 과자 회사에서 신규 출시할 과자를 프로듀스 101처럼 뽑는다고 가정해 보세요. 그 과자는 출시 초기부터 강력한 팬덤을 토대로 출시되어 흥행을 보장받을 수 있습니다. 소비자들의 의견을 즉각 수렴해 상품 개선도 가능합니다. 웹3.0의 시대에는 기획 단계부터 생산과 소비, 소유까지 모두가 참여하는 완전히 새로운 경제가 가능해집니다.

자동차를 만들고, 비행기를 만들고, 반도체를 만드는 산업의 전 분야에서 인터넷은 아주 작은 부분입니다. 하지만 인터넷은 우리 삶의 양식을 완전히 바꿔놨습니다. 모든 산업 분야와 생활 분야에서 인터넷이 쓰입니다. 블록체인도 마찬가지입니다. NFT와 디파이, 웹 3.0까지 살펴보는 동안 블록체인이라는 기술이 세상을 완전히 바꿔놓을 수 있다는 걸 여러분도 느꼈을 겁니다. 블록체인 기술은 아직도 걸음마 단계입니다. 앞서 말했듯이 너무 느리고 비효율적입니다. 하지만 기술의 발전 속도가 무척이나 빠릅니다. 여러분이 열어갈 미래 시대에서는 블록체인이 지금의 인터넷처럼 너무도 당연한 것이 될 수 있습니다.

전기가 흐르는 물질을 도체라고 합니다. 전기가 흐르지 않은 물질을 부도체라고 하죠. 전기가 흐르거나 안 흐르게 인위적으로 조절할 수 있는 물질을 반도체라고 합니다. 반도체는 전기가 흐르거나 흐르지 않는 상황으로 yes와 no라는 두 개의 신호를 만들었습니다. 이를 통해 트랜지스터가 나오고 컴퓨터 회로가 나왔습니다. 컴퓨터 회로에서 지금의 인터넷이 나오고 유튜브가 나왔습니다. 반도체라는 하나의 물건에서 끝도 없이 확장된 거죠. 블록체인은 무엇이든 변하는 디지털 세상에서 변하지 않는 버튼을 달아주는 기술입니다. 그러니 블록체인을 디지털 세상의 반도체라고 볼 수도 있는 겁니다. 블록체인에서는 앞으로 무엇이 나올 수 있을까요. 정말 무궁무진한 세계가 펼쳐질 것 같지 않나요? 여러분이 이끌어갈 블록체인의 세계에서 구현될 상상력이 너무나도 기대됩니다.